世界一やさしい YouTubeビジネスの教科書1年生

KYOKO

ソーテック社

ご利用前に必ずお読みください

本書に掲載されている説明を運用して得られた結果について、筆者および株式会社ソーテック社は一切責任を負いません。個人の責任の範囲内にて実行してください。

本書の内容によって生じた損害および本書の内容に基づく運用の結果生じた損害について、筆者および株式会社ソーテック社は一切責任を負いませんので、あらかじめご了承ください。特に、購入例や参考画像として紹介している商品は説明のための例示であり、特許・意匠権に侵害している可能性があります。購入の際は必ず事前に確認し、自己責任でご購入ください。

本書の制作にあたり正確な記述に努めていますが、内容に誤りや不正確な記述がある場合も、筆者および株式会社ソーテック社は一切責任を負いません。

本書の内容は執筆時点においての情報であり、予告なく内容が変更されることがあります。また、環境によっては本書どおりに動作および実施できない場合がありますので、ご了承ください。

※ 本文中で紹介している会社名、製品名は各メーカーが権利を有する商標登録または商標です。なお、本書では、©、®、TMマークは割愛しています。

Cover Design & Illustration…Yutaka Uetake

はじめに

「どうやらYouTube（ユーチューブ）はかなり稼げるらしい」

そんな言葉をあなたも耳にしたことがあるかもしれません。

「**好きなことで生きていく**」をキャッチコピーにしているユーチューブには、ビジネスとしての魅力も大きく詰まっています。

ユーチューブ参入者数も爆増している昨今、ユーチューブ関連のノウハウ本もちらほら出てきていますね。

ユーチューブの設定方法や撮影方法・編集方法など、動画をアップロードするまでの手順に関するものはすでにたくさんあります。

本書は、そのような作業的な項目は割愛し、あくまでもテクニカルな面を重視したユーチューブの学習本にしたいと考えて作成しました。

「ただ趣味で動画をアップロードする」というSNS的なユーチューブの使い方ではなく、「**ユーチューブを使ったビジネスの方法論**」をベースに、必要なテクニックをまとめています。

- ユーチューブを使ってビジネスをしたい
- 現在のビジネスをユーチューブで拡大させたい
- ユーチューブを使って副収入を得たい

このような方に必見の内容を、筆者の体験とデータに基づいて体系的に学べる内容にしました。

なぜユーチューブをビジネスに活用するべきなのか

オンライン化が加速する現代では、活用できるのであれば、ビジネスには絶対にユーチューブを使うべきです。昔の購買行動は、友人・知人からの口コミや、新聞やチラシなどの紙媒体で情報をキャッチすることによって起こっていました。しかし最近では、多くの人々がTwitterやInstagramで情報をキャッチして、商品を購入しています。

特に、最近ではユーチューブを見て商品の購入を決定する人も増えてきています。なぜユーチューブなのでしょうか。

ユーチューブには他のSNSやブログなどの媒体とは違った訴求力があります。

- 文字だけで訴求する（Twitter・ブログ）
- 画像だけで訴求する（Instagram）

- **画像と文字で訴求する（ブログ・ホームページ）**
- **音声で訴求する（ラジオ）**

ユーチューブは「動画」という性質上このすべての要素を兼ね備えています。ビジネスとしてこれ以上ない武器となるのは想像にたやすいですよね。

そしてそれは、個人のビジネスとしても法人のビジネスとしても同じように活用できます。リアルビジネスを拡大するために、広告費を投じてオンライン広告を出したとしても、最近のユーザーは広告に敏感です。売り込み感満載の広告を見たところで、ユーザーは商品や会社もしくは個人のファンになってくれるわけではありませんよね？

ですが、ユーチューブを使えばチャンネルに視聴者側から興味を持って訪れてくれるわけで、さらに関係性を続けることで視聴者を「ファン」に変えることができます。

圧倒的な情報量を配信できるユーチューブだからこそ、有名企業でなくても、名もない個人だとしてもファンを作ることができ、必要な人に必要な情報を届けることができるわけです。

もはやお金を払って広告など出す必要はありません。ユーチューブは無料の広告媒体のようなものなのですから。

この本の構成

本書では、あくまでもビジネスに焦点を絞ってユーチューブについて解説しています。

1時限目、2時限目でユーチューブというプラットフォームの本質を学び、ユーチューブSEOやアルゴリズムについて学習します。

そして3時限目、4時限目、5時限目で、ユーチューブを使ったマネタイズ方法を種類別に解説していきます。ユーチューブを使ってお金を稼ぐ方法は1つではなく複数ありますからね。

6時限目、7時限目ではユーチューブを続けていくためのコツや、データ分析の具体的な方法についても触れていますのでぜひ活用していただきたいです。

ユーチューブは、使いこなせるようになれば本当にこれ以上ないほどのビジネスツールになりえます。正直他に代わりはききません。とはいえ、ユーチューブを始めてみようと思ったはいいけれど、続けられる人はそう多くはないのですね。

「**クオリティ＋継続**」は、ビジネスとしては当たり前のことなのですが、なかなか手探りで進めるのは難しいところもあります。

本書が、これからユーチューブを始める方にとって、最短距離で目的地にたどり着くための地図になることを心より祈っております。

目次

2時限目 ユーチューブのSEOとアルゴリズム

3時限目 オーソドックスな収益、広告収入で稼ぐ方法

7時限目 YouTubeアナリティクスの使い方

1時限目
ユーチューブは個人が大きく稼げる最高のプラットフォーム

ここでは、さまざまな角度で「ユーチューブで稼ぐ」方法について解説します。

01 やらなきゃ損 動画市場が今熱い!!

1 ユーチューブの利用者数

「**YouTube（ユーチューブ）**」は、皆さんもご存知の通りGoogle（グーグル）が運営する無料の動画配信プラットフォームです。

もはや**ユーチューブを知らない人などいない**のではないでしょうか。それぐらい、ユーチューブは現代の私たちの生活に浸透しているサービスです。

どれほどの人がユーチューブを利用しているかというと、現在の利用ユーザー数は世界中で20億人、日本国内に絞っても6200万人が利用しています。毎分500時間分の動画がアップロードされ、全世界のユーザーによるの1日あたりの動画視聴時間は10億時間を超えています。

調査会社ニールセンデジタルの「2019年の日本のインターネットサービス利用者数／利用時間ランキング」（次ページ表）では、トータルリーチ時間で3位、スマートフォンでのアクティ

● 2019年 日本におけるトータルデジタルリーチ TOP10

ランク	サービス名	平均月間リーチ
1	Google	56%
2	Yahoo! Japan	54%
3	**YouTube**	**50%**
4	LINE	48%
5	Rakuten	41%
6	Facebook	41%
7	Amazon	38%
8	Twitter	36%
9	Instagram	30%
10	Apple	27%

● 2019年 日本におけるスマートフォンアプリアクティブリーチ TOP10

ランク	サービス名	平均月間アクティブリーチ	対昨年
1	LINE	83%	2pt
2	**YouTube**	**61%**	**5pt**
3	Google Maps	60%	2pt
4	Google App	53%	2pt
5	Gmail	51%	2pt
6	Apple Music	45%	16pt
7	Twitter	44%	2pt
8	Google Play	44%	-2pt
9	Yahoo! JAPAN	43%	3pt
10	McDonald's Japan	32%	2pt

● 2019年 日本におけるスマートフォンアプリ利用時間シェア TOP10

ランク	サービス名	平均月間利用時間シェア
1	LINE	13%
2	**YouTube**	**5%**
3	Twitter	5%
4	Yahoo! JAPAN	4%
5	Google App	2%
6	Instagram	2%
7	スマートニュース	2%
8	Facebook	1%
9	メルカリ	1%
10	Google Map	1%

いずれも https://www.netratings.co.jp/news_release/2019/12/Newsrelease20191219.html より

ブリーチで2位、スマートフォンアプリの利用時間で2位と、ユーチューブが常に上位に位置しているのも注目です。

2 動画市場の拡大と成長の可能性

動画コンテンツの需要が世界的に強まっていることは理解できたと思います。

では、なぜ昨今、こんなにも動画が好まれるのでしょうか。

また今後も成長市場なのでしょうか?

インターネット関連の調査会社YouTube総研の調査「2020年には2000億円突破! YouTubeを使った革命的ウェブマーケティングの重要性」によると、2014年には300億円強だった動画広告市場が、2020年には2000億円規模と右肩上がりに拡大しています。また、動画ビジネスの代表格である広告市場では、ユーチューブがトップ媒体に輝いていますね。

これを見てもわかるように、動画市場はこれからもまだまだ成長するポテンシャルのある業界です。理由としては、大きく次の3つが挙げられます。

- ①「WITHコロナ」の影響
- ②モバイル端末の普及
- ③5Gの浸透

● 動画広告市場規模推計<デバイス別>（2014～2020年）

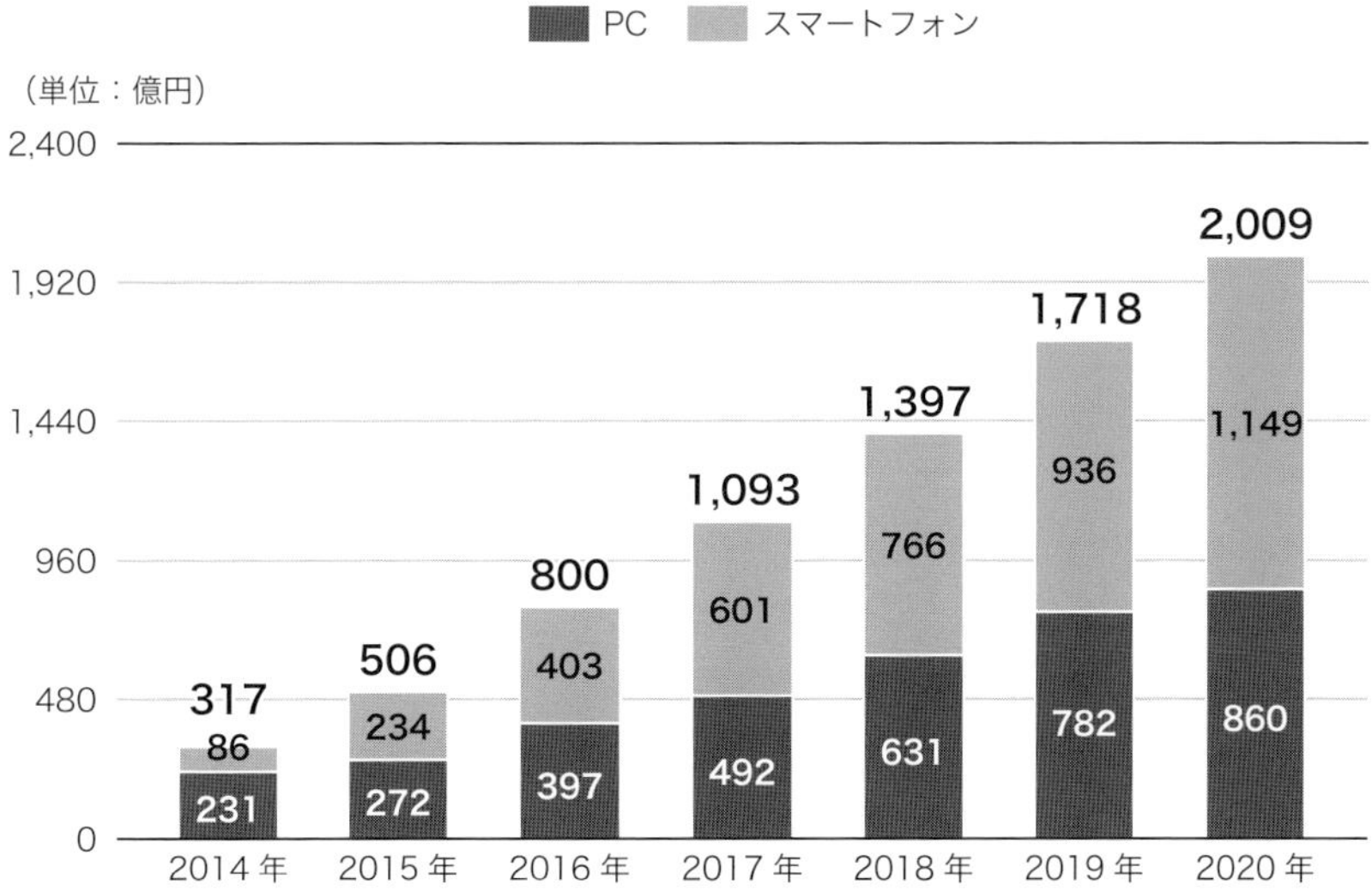

● 動画広告市場の媒体（2016年11月～2017年12月）

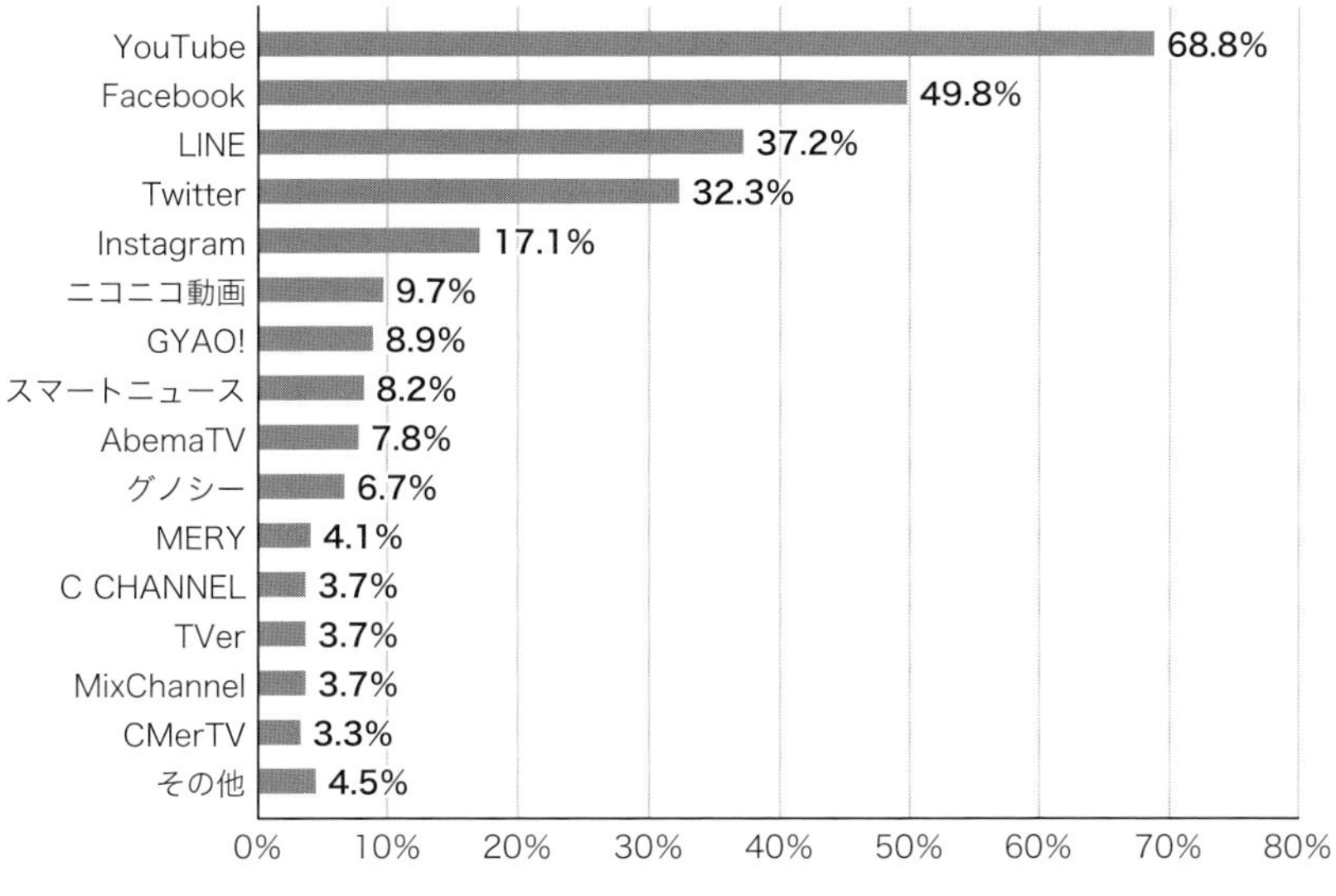

いずれも https://youtube-soken.com/report/1296/ より

①「WITHコロナ」の影響

２０２０年2月ころから蔓延した新型コロナパンデミックの影響で、世界中で外出を自粛する傾向が強まっています。「ステイホーム」の中、オンライン事業が伸びるのは言うまでもありません。

事実、外出自粛を受け、有料動画配信サービス大手のNetflixは、２０２０年4～6月期の売上高を前年比25％増に伸長させました。

ユーチューブは無料視聴可能なこともあって利用者の年齢層が幅広く、万人の利用が見込めます。

②モバイル端末の普及

スマホやタブレットなどのモバイル端末の普及で、動画はより手軽に便利に見られるようになりました。

Nintendo Switchなどのゲーム機やiPhoneなどの携帯端末で直接見るのはもちろん、そういった端末からテレビに映像を映すこともできます。

他にも動画が視聴できる端末は数多くあります。このデバイスバラエティの拡張が、さらに動画コンテンツの利用を促進しています。

若年層はテレビを見る機会が減り、代わりにユーチューブなどの動画コンテンツを見る人が増えているそうです。ユーチューブの視聴デバイスの統計（https://markezine.jp/article/detail/30504）でも、若年層では約90％がスマホだけでユーチューブを視聴しています。

③5Gの浸透

動画市場がさらに拡大するであろう理由の1つに「5G」の普及もあります。

5Gとは第5世代移動通信システムのことで、超高速化・超多数同時接続・超低遅延が特徴です。5Gの普及で、動画を再生していてカクカクしたり止まったり……といった、そんな煩わしさがなくなるのです。

データ量の多い高画質の動画も長時間動画も高速ストリーミングできるのですから、ストレスフリーで視聴できます。

携帯電話キャリア各社も、5G対応の通信費定額のプランを打ち出しており、利用料金を気にすることなく動画を再生できるようになってきたのも、動画市場拡大の追い風になりそうです。

3 人気の職業「ユーチューバー」

視聴者が爆発的に増えている一方で、ユーチューブの配信者側も高い人気があります。

学研ホールディングスが「将来つきたい職業」で1年生〜6年生までの小学生を対象に、将来の職業について聞き取り調査を行ったところ、プロサッカー選手を抜いて**「YouTubeなどのネット配信者」**（いわゆる**YouTuber：ユーチューバー**）が1位になりました（下表）。

これまでは動画といえばテレビが主流でしたが、今では動画といえばユーチューブです。

企業のマーケティングでも、テレビCMよりもユーチューブでプロモーションした方が効率的であるというのは、周知の事実になってきています。

さらに、人々のテレビ離れが進む中、たくさんの芸能人がユーチューブ配信に主戦場を移していますね。

● 将来つきたい職業（2019年・男子）
(https://prtimes.jp/main/html/rd/p/000002566.000002535.html より)

1位	YouTuberなどのネット配信者
2位	プロサッカー選手
3位	プロ野球選手
4位	運転士
5位	警察官

ユーチューブ配信を行う芸能人の例（敬称略）

- **ローラ**
- **とんねるず石橋貴明**
- **GACKT**
- **オリエンタルラジオ中田敦彦**
- **江頭2:50**
- **渡辺直美**
- **佐藤健**

このように、人気の芸能人がユーチューブに参入してくると、相乗効果でそれを見る視聴者も増えていきます。

2時限目で解説しますが、ユーチューブはアルゴリズム的に**関連動画からの流入が80％を超える**動画プラットフォームです。**参入者が増えるほどライバルが多くなるのではなく、ビジネスチャンスが広がる**珍しいプラットフォームだともいえます。

ここがポイント

- YouTubeは視聴者数が増大中！
- 動画広告の市場規模は5年間で6倍以上に！
  動画広告媒体でもYouTubeがトップ！
- 子どもがあこがれる職業一位もユーチューバー

02 ユーチューブが他のＳＮＳよりビジネスに優れている点

1 ユーチューブはグーグル検索でも優遇

ユーチューブはグーグルが運営するサービスの１つであり、昨今では**グーグル検索の結果でも常に優遇**されています。筆者のユーチューブ動画も、ことごとく攻略難易度の高い検索キーワードで上位表示しています。

例えば「副業」というキーワードは月間検索ボリュームが16万５０００ほどあります。副業で月に16万５０００回も検索されるのです。このキーワードで検索結果の上位に表示できれば、どれだけたくさんの人に見てもらえるでしょうか。「副業」を目標キーワードにしてサイトやブログでＳＥＯ対策し上位表示しようと思うと、現在のグーグルアルゴリズムではとても難しいのが現状です（次ページの図）。

２０２１年現在、検索エンジンのトップシェアを誇るグーグルでは、ユーチューブ動画枠を上

● 検索結果上の YouTube 上位表示例

（次ページに続く）

Google
個人で稼ぐ
すべて
動画
画像
ショッピング
ニュース
もっと見る
設定
ツール
約 93,300,000 件 （0.39 秒）
動画
【在宅副業】個人で稼ぐ力を簡単につける究極の方法【他者 ...
KYOKO
YouTube - 2020/02/29
[初心者向け]今すぐできる個人で稼ぐ方法 5つのアクション ...
マーケティング大学 by桜井
YouTube - 2020/08/11
タダで稼げる究極の副業とは？４つ紹介します。
個人で生きる道-ショウ
YouTube - 2019/09/18

Google
アフィリエイト　やり方
か難しいですよね。きちんと儲かる広告を選んで進める方法をできるだけわかりやすくお教えします。【はじめに】稼げるアフィリエイトサイトを ...
動画
副業でアフィリエイトを始める手順とやり方を解説【効率的に ...
KYOKO
YouTube - 2020/02/10
【完全初心者向け】アフィリエイトの基礎講義【簡単に３万円 ...
マナブ
YouTube - 2019/12/27
【やり方】自己アフィリエイトをやれば確実に月10万円は稼げ ...
KYOKO
YouTube - 2020/06/30

Google
ワードプレス
動画
【WordPress（ワードプレス）の使い方講座】アフィリエイト ...
KYOKO
YouTube - 2019/02/04
【初心者向け】Wordpress（ワードプレス）始め方 ...
mikimiki web スクール
YouTube - 2020/05/12
【2020年9月最新版】ワードプレスでブログを始める手順を ...
ヒトデせいやチャンネル
YouTube - 2020/06/07

位に設けています。

これはつまり、ユーチューブを推しているということですね。

検索してみると、さまざまなキーワードの検索上位にユーチューブ動画が表示されているはずです。

それもそのはず、前述したようにユーチューブは利用者・利用時間ともに大きく伸長しているわけですから、検索枠の上位にユーチューブ枠を設けることで、たくさんのユーザーにグーグルを利用してもらえます。

さらに言うと、ユーチューブにはグーグルの収益源である広告が挿入されるので、多くのユーザーが長い時間ユーチューブを利用すれば、それだけグーグルは儲かるわけです。

そんな背景もあり、今後ますます検索結果上でもユーチューブは優遇されるでしょう。

2 情報がダイレクトに伝わる

ユーチューブは、他の集客チャネルに比べて**情報がダイレクトに伝わる**ことから、非常にブランディングしやすいのも特徴です。

下の表のように、チャネルごとに特徴が違うため、ユーザーが利用する目

● チャネルごとのユーザーの目的のイメージ

長文テキスト	ブログ	時間のあるときにじっくり読みたいユーザー
ショートテキスト（140文字）	Twitter	情報の断片だけをスピーディーに収集したいユーザー
画像	Instagram	イメージから入りたいユーザー
音声	ラジオ	「ながら聞き」したいユーザー

的も変わってきます。情報発信はテキストや画像が主流でしたが、動画市場全体が膨らんだこともあり、TikTokなどの短編動画や動画を通してコミュニケーションを取れるライブ配信などのツールも増えてきましたよね。

動画の優れている点は、ひとえに**情報の伝達量が多い**ところです。

- **目で見るテキスト**
- **目で見る画像や動く映像**
- **耳で聞く音声**

これらすべてを含み、さらに演者の表情や声のトーンなどから、臨場感あふれる表現ができるのがユーチューブです。他のSNSなどとは比べ物にならないくらい、包括的に情報を伝えられますよね。

このような理由から、個人のブランディングツールとしても大変優秀なのは言うまでもありません。簡単に言うと「**個人でもできるテレビ**」のようなものなので、見ている側が「ファンになりやすい」という側面もあります。

Web上のブランディングツールとしては、今まではブログが王道でした。しかし、テキストだけで伝える「ひととなり」と、動く映像で目や耳からダイレクトに情報を伝えるユーチューブとでは、圧倒的にユーチューブの方がブランディング力が強いわけです。

3 成約率（CVR）が高い

これだけ情報があふれているインターネットの世界で、ユーザーはどのように購買行動を決定しているのでしょうか。

ネットに慣れたユーザーであれば、何かを購入する前に「口コミ」や「感想」を確認する人が多いでしょう。そういった情報を得る場合、今まではレビュー記事や口コミコメントなどのテキストや画像の情報が一般的でしたが、ここでもユーチューブは圧倒的な情報発信力を誇っています。

- 詳細な使い方
- リアルな雰囲気
- 実際の大きさや質感など

ユーチューブは動画ならではの表現方法でリアルなレビューをすることができます。スプレッドオーバー社の調査によると、商品購入前にユーチューブで動画を視聴してから購入する人の割合は、59・9％にも上ります（次ページのグラフ参照）。

さらに言えば、人は身近な人のアドバイスは受け入れやすい傾向にあります。ブランディングが確立しやすいユーチューブでは、ユーザーがチャンネル運営者に対し親近感を覚えやすいため、非常に成約率が高くなるのです。

4 ブランド力が高まると、さまざまなマネタイズ方法がある

ブランド力とは、つまり「信頼」です。

前述した通り、ユーチューブというプラットフォームは、個人の「ひととなり」をリアルに配信できます。従来の「テキストのみ」や「画像のみ」のメディアと違い、より一層親しみや信頼を勝ち取りやすい媒体なのです。

ユーチューブのマネタイズ方法は、一般的に動画広告が主軸です。しかし、ブランド力が高まるとマネタイズ方法は多岐にわたります。

特定のキャッシュポイントに依存することはとても怖いことですが、積み上げた信頼は揺らぎません。

● 購買行動決定時の動画利用について（https://ferret-plus.com/13097）

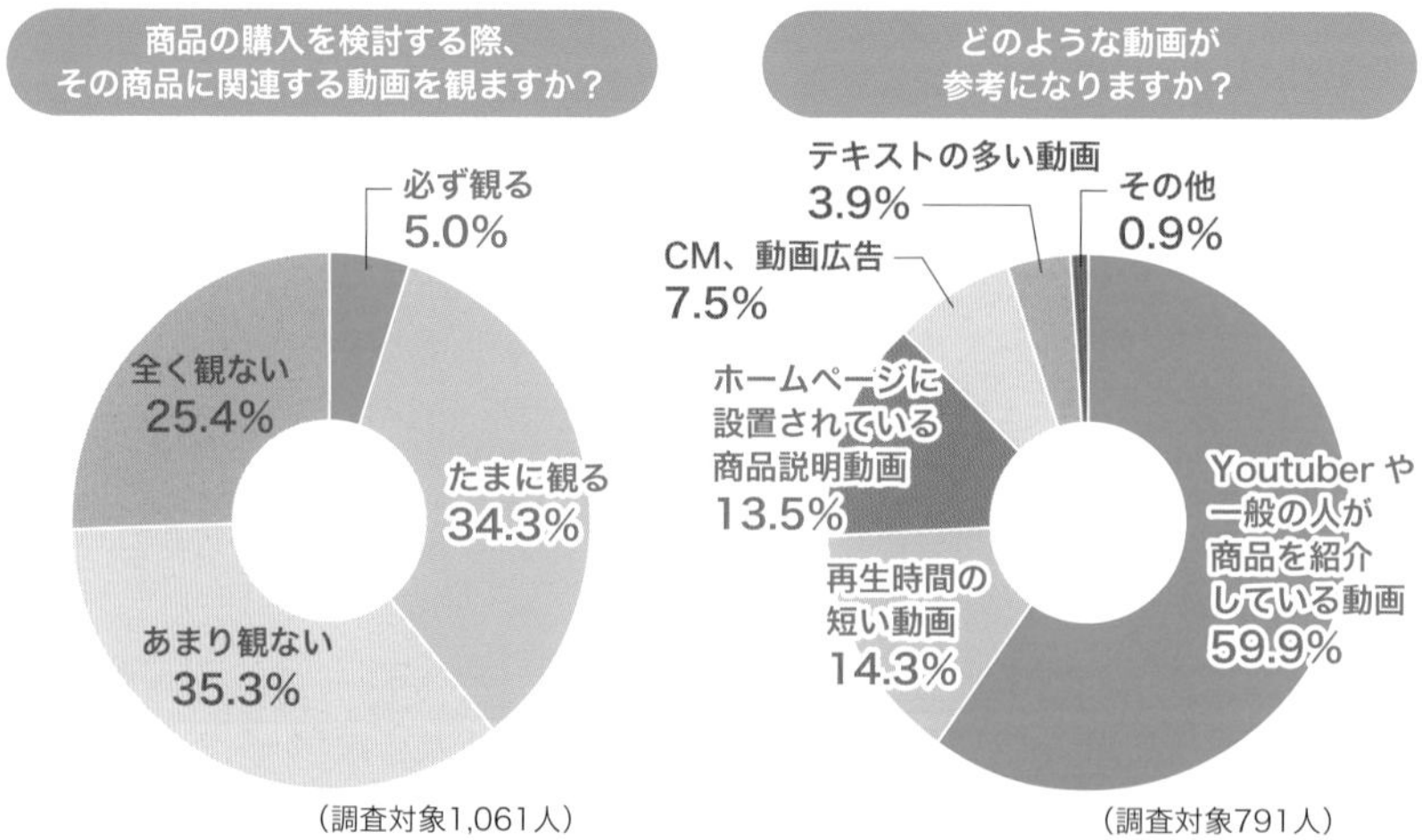

商品の購入を検討する際、その商品に関連する動画を観ますか？
必ず観る 5.0%
たまに観る 34.3%
あまり観ない 35.3%
全く観ない 25.4%
（調査対象1,061人）
どのような動画が参考になりますか？
Youtuber や一般の人が商品を紹介している動画 59.9%
再生時間の短い動画 14.3%
ホームページに設置されている商品説明動画 13.5%
CM、動画広告 7.5%
テキストの多い動画 3.9%
その他 0.9%
（調査対象791人）

筆者のユーチューブチャンネルでは、記事執筆時点（2021年1月）でチャンネル登録者が約12万人います。一般にユーチューブでは「**チャンネル登録者の3倍のユーザーが視聴している**」と言われていますから、実際には筆者のチャンネルは36万人が見ているという計算になります。

これほどたくさんの人に日々動画を見てもらい、筆者の顔を知ってもらい、考えを知ってもらえることで、通常では考えられない「**信頼貯金**」ができていると感じます。

事実、筆者のユーチューブを通したマネタイズは、広告収入だけではありません。むしろ広告収入はオマケみたいなものです。

ですから、仮にユーチューブをやめても、積み重ねた信頼貯金があるので、何度でもビジネスができると思います。

ブランド力を高めると複数のマネタイズが行え、さらには信頼が蓄積するので、長期的にビジネスに役立つということです。

ここがポイント

- YouTubeはWeb検索でも優遇されている
- 動画は情報がダイレクトに伝わり、信頼を得やすいため、ブランドを確立しやすい
- ブランドが確立できれば、マネタイズ方法は多岐にわたる

03 ユーチューブでどれぐらい稼げるか？

1 稼いでいる人の基準は？

ここまでで、ユーチューブの市場が拡大傾向なのは十分理解できたと思います。では、実際にユーチューバーとして活動している人はどのぐらいチャンネル登録者数を抱え、どれぐらいの再生数で、いくらぐらい稼げているのでしょうか。

ユーチューバーランキングサイト「チューバータウン」によると、収益ランキングトップ3は、皆さんも一度は目にしたことのあるFischer's-フィッシャーズ-、キッズライン♡Kids Line、はじめしゃちょー（hajime）です（敬称略）。再生数も1位のFischer's-フィッシャーズ-は月間3億回もあるんですね。日本国内だとユーチューブ収益が高いのはエンタメ系のチャンネルが多いです。

この推定収益は「再生数×広告」で割り出されて（推測されて）いるものですが、本当にこれからユーチューブに参入する人も、このように稼げるのでしょうか。これに関しては、この「広告収入」という収益化スタイルのみでいくのであれば、相当厳しいと言わざるを得ません。

広告で稼ぐ場合、ある程度の再生数がないといけません。そして、再生数を増やすためには、チャンネル登録者も増やしていかなければなりません。日本のユーチューブの動向をまとめる「YuTura（ユーチュラ）」の調査によると、チャンネル登録者数１００万を超えるのは全体の１％（およそ50チャンネル程度）で、収益化レベル（現在ユーチューブで広告表示して収益を得るためには、一定の基準をチャンネルがクリアする必要があります）である「チャンネル登録者１０００人」に到達しているのは、全体の上位25％程度であるこ

● YouTuberの収益ランキング（Youtuberランキングサイト「チューバータウン」http://www.tuber-town.com/channel_list_c/all_yd_1.htmlから）

チャンネル名	推定年収	チャンネル登録者数
Fischer's-フィッシャーズ-	1億5542万5397円	646万人
キッズライン♡Kids Line	1億3253万3106円	1200万人
はじめしゃちょー（hajime）	1億1332万351円	893万人

とがわかります（下図）。ちなみに筆者のチャンネルは約12万人で、上位12％に入っています。

広告単価が低く収入が伸びないケースも

さらに、チャンネル登録者が増えて再生数が伸びても、思うように広告収入を得られない場合があります。

ユーチューブで掲載される広告には単価がありますが、チャンネルのジャンルや品質によっては、広告単価がすごく低いこともあります。広告主としても、クオリティの高い動画に広告費を使いたいわけなので「全く効果のなさそうな動画」には安い広告しか付きません。そのため、広告収入が上がらないことがあるわけです。

こう聞くと、希望が持てなくなったかと思いますが、心配いりません。チャンネル登録者数が少なくても、やり方次第で大きく収益を伸ばすことはできます。

● YouTubeチャンネルの登録者数
(https://ytranking.net/blog/archives/589)

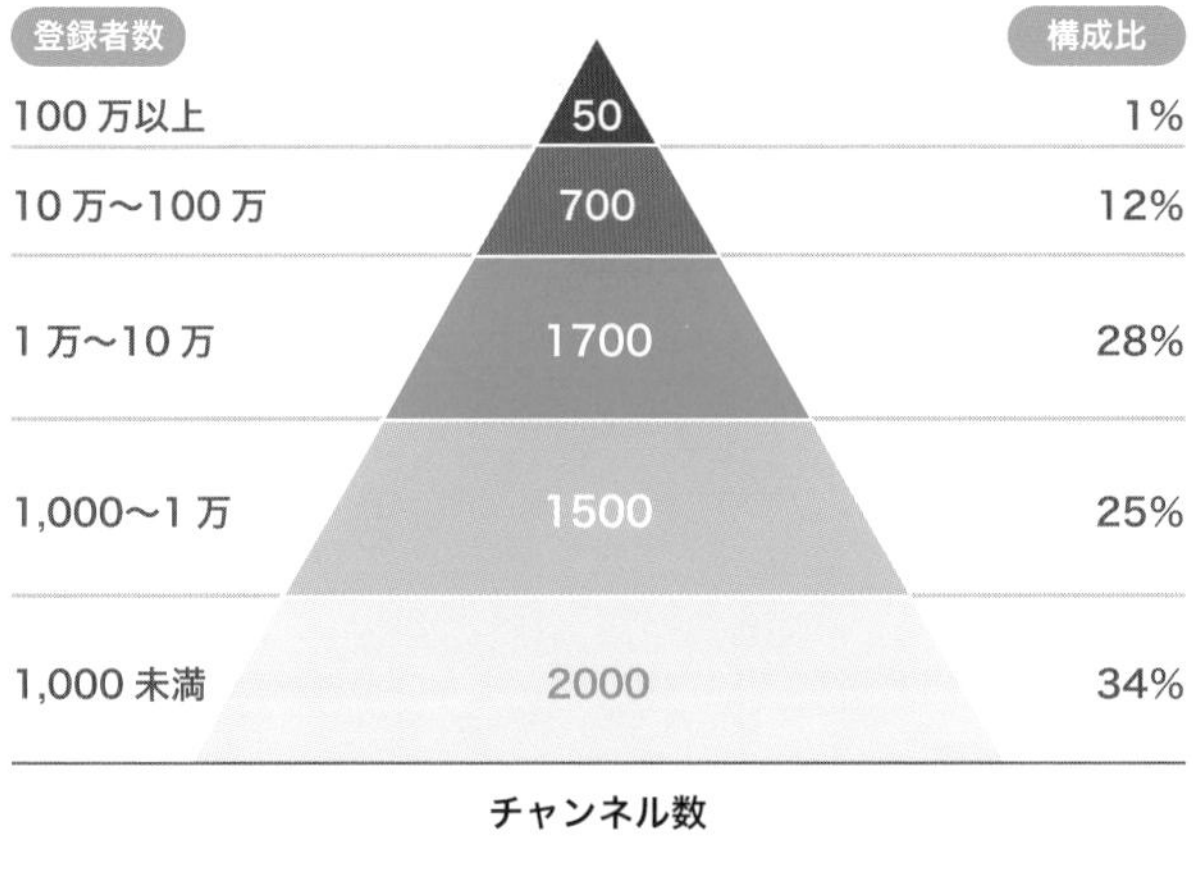

登録者数
構成比
100万以上
50
1%
10万〜100万
700
12%
1万〜10万
1700
28%
1,000〜1万
1500
25%
1,000未満
2000
34%
チャンネル数

2 収益の目安

筆者のユーチューブはブランド構築のためのビジネスツールとして位置づけているため、広告収益はさほど重要ではないと考えています。しかし、チャンネル登録者数が10万人に達していなかったころでも、ユーチューブ広告収益だけで月に約１５０万円ほどはありました（下図）。

一般的には、1再生数あたりの収益は0・1円程度と言われているのですが、筆者のチャンネルでは1再生あたり1円以上あるでしょう。参入するジャンルや、どのようなクオリティの動画コンテンツなのかによって広告単価はかなり変わってくるのです。

筆者のチャンネルのある動画は、記事執筆時点で46万回再生されていて、収益はおよそ50万円弱となっています。他にもこのような動画が複数あるので、それだけで結構な収益にはなりますよね。

● 登録者7万7,779人時の収益（振り込み金額）

広告収入以外でも稼げる

筆者の場合、チャンネル登録者が１万人ほどのころでも、広告収入とは別に、このチャンネルを通して月間３００万～４００万円程は収益を得ていました。現在では、広告収入以外の収益をすべて合わせると、月間で２０００万円前後の収入があります。

このように、ユーチューブで稼ぐ方法は広告収入だけではありません。本書では、ユーチューブのビジネスとしての使い方を「広告収入以外の部分まで」徹底的に解説していきたいと思います。

● KYOKO チャンネルの動画
（https://www.youtube.com/watch?v=9snv878SESY）

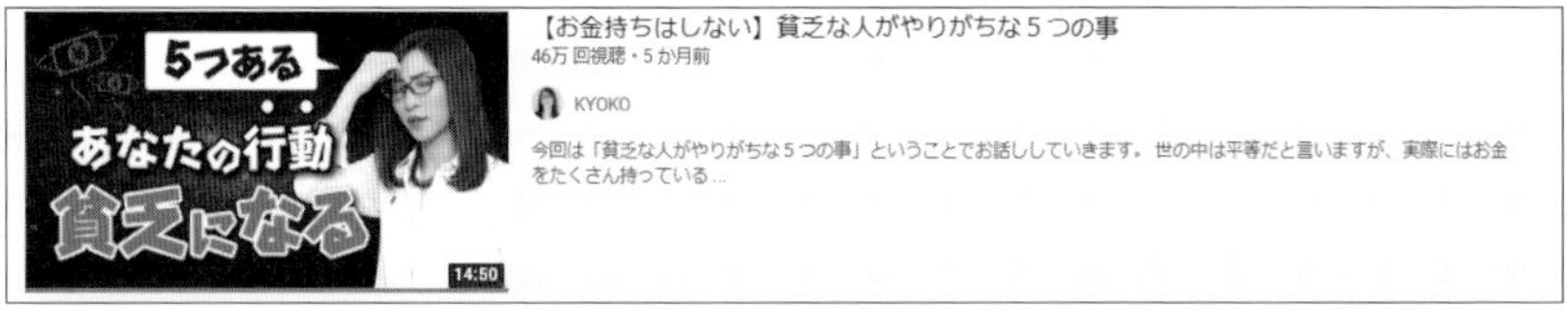

ここがポイント

- YouTube の広告収入だけで大きく儲けられる人は全体のごく一部
- YouTube で稼ぐのは広告収入だけではない

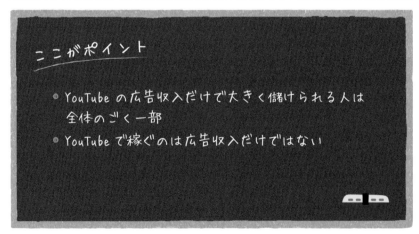

04 ユーチューブで稼ぐスタイルは複数ある

1 広告（アドセンス）

広告収入は、ユーチューブで収益化をする一番オーソドックスなスタイルです。一般にいうユーチューバーと呼ばれる人たちは、この収益化スタイルを主軸に置いているんですね。

よりたくさんの人に動画を見てもらい、広告を表示させることで収益が膨らんでいくわけですから、自ずと**チャンネル登録者数**や**再生数**が重要な指標となってきます。

メリット

- 収益化方法がわかりやすい
- 広告の種類が複数ある
- チャンネルが育てば収益源が蓄積する

デメリット

- **収益ラインに立たないと広告が貼れない**
- **チャンネルが成長しないとまったく稼げない**
- **作業量が多いので労働型**
- **万人にウケるネタを拾い続けなくてはいけない**

このスタイルのメリットは、王道な収益化スタイルだけあって「わかりやすい」ことが挙げられます。

ユーチューブの広告の種類については3時限目で後述しますが、動画をアップロードして広告を選択すればいいだけなので、難しいことはありません。さらに、チャンネル内に動画が増えてくると、過去の動画も再生されるため、収益源が蓄積するメリットもあります。

反対にデメリットとしては「**誰でも収益化できるわけではない**」という面があります。「**YouTubeパートナープログラム**」の参加条件を満たしたチャンネルでないと広告を貼ることができないのです。

広告収入は、登録者数や再生数が重要な指標です。登録者数が増え、動画の再生回数や再生時間が伸びてチャンネルが成長しないと、動画を投稿しても稼げません。

再生数を上げるには、自分が話したい内容や出したいコンテンツではなく「**万人にウケるネタ**」を探し続けなくてはなりません。

来る日も来る日も動画を上げ続けないといけないので、労働型スタイルになってしまいます。片手間で行う副業には向いていませんね。

個人的には、広告収益だけに頼ったユーチューブの運営スタイルはおすすめしていません。他の収益化スタイルと掛け合わせて、補助的に使うのがよいでしょう。

2 独自コンテンツ販売

独自コンテンツ販売でも、ユーチューブを利用できます。こちらは自分の商品を持っている企業や個人が、**ユーチューブを認知拡大のためのビジネスツール**として利用する方法です。筆者のユーチューブ運営スタイルは、**独自コンテンツ販売×広告（アドセンス）**です。

「自分の商品」はいろいろあります。独自商品ではなく、ユーチューブを使って店舗の集客を行ってもいいのです。独自の商品やコンテンツに興味のありそうなユーザーが知りたいであろう情報を、ユーチューブを通し無料で提供することによって「認知」と「信頼」が蓄積します。

この収益化スタイルでは、登録者数や再生数がさほど重要ではないという特徴があります。

メリット

- **登録者数や再生数に左右されない**
- **自分の話したいことを話せる**

- 積み上がった信頼は移動できる
- 大きく稼げる

デメリット

- そもそも自分のコンテンツや商品がないとできない
- 高い動画クオリティが求められる
- ビジネス設計の知識が必要

このスタイルのメリットとして挙げられるのは、その**自由度の高さ**でしょう。

広告収益を上げるためにひたすらウケる動画を量産するスタイルと違って、こちらは信頼を蓄積するために丁寧に動画を作っていきます。ユーチューブアルゴリズムに合わせるための動画ではなく、自分の商品に興味があるユーザーが聞きたいことや、自分が話したいことを中心に動画を作れます。「数ではなく質」ということになりますね。前述したように、筆者のチャンネルがまだ登録者1万人にも満たなかった頃でも、月に数百万円という収益があったのは、このような理由があります。

そして「積み上がった信頼」は別のサービスなどに移動できます。

例えば、ユーチューブを見てファンになった人が「TikTok始めます！」とか「お店開きます」など、別のことを始めた場合、信頼貯金が貯まっている状態であれば、そちらにもファンは見に行くはずです。

ユーチューブは、情報がダイレクトに伝わりファンを獲得しやすいプラットフォームなので、持ち運び自由な信頼貯金を貯めやすい側面も兼ね備えています。

デメリットとしては、そもそも**販売する自分の商品がなければ、収益化できない**という根本的な問題があります。もちろん、ユーチューブを始めてから、後で商品を作ることも可能です。しかし、できれば最初から自分の持っているサービスや商品などがあった方がいいでしょう。なぜなら、その商品に興味のあるユーザーの詳細なペルソナ設定やカスタマージャーニーといったビジネス設計を組む必要があるからです。

また、信頼を勝ち取るためには、低品質で役に立たない動画では駄目です。自分のチャンネル視聴者の気持ちに沿った、**高品質な動画**を作る必要があります。

3 アフィリエイト

アフィリエイトによる収益は、ユーチューブを他者の商品の宣伝媒体として使用する収益化スタイルです。アフィリエイトとは、他者の商品を紹介することで、販売額から一定のマージンを得ることができるシステムのことです。

詳しい手法は5時限目で解説しますが、広告を取りまとめている**ASP**からアフィリエイトできる商品を選び、ユーチューブでレビューしていくのが一般的なやり方でしょう。

メリット
- 自分の商品を持つ必要がない
- 愛用している商品を紹介できる
- SEO集客と相性がいい

デメリット
- アフィリエイトの知識が必要
- 購入してレビューするのが基本
- 広告主が撤退したら終了

ユーチューブを使ったアフィリエイトは、自分の商品を持つ必要がありませんから、始めようと思えばすぐに始められるメリットがあります。やり方もさまざまありますが、すでに愛用している商品を紹介することができるのもメリットの1つかもしれません。

このタイプで稼ぐのであれば、チャンネル登録者数や再生数の増大は主軸ではなく、流入経路もSEO集客と相性がよい（チャンネルにつくファンというよりも、検索エンジン経由の客が多い）点もメリットとして挙げられます。

一方で、ある程度SEOやアフィリエイトの知識がないと「どのようにして商品を紹介するのか」「どうすれば売れやすくなるのか」などがわからないかもしれませんね。

基本的に、ASPに登録してある広告主の商品をユーチューブで紹介するためには、実際に使っていることが条件です（ユーチューブ内で実際の商品をレビューするわけなので、手元に持っていないとできません）。手元にない場合は購入する必要も出てきます。

また、アフィリエイトできる商品の広告主がASPへの出稿を取り止めてしまった場合は、作った動画が無駄になってしまうこともあります。

本書では、なるべくデメリットをカバーした手法を解説します。

4 スーパーチャット

スーパーチャットとは、簡単に言うと**投げ銭機能**のことです。ユーチューブのライブ配信中に、視聴者から応援の気持ちを「投げ銭」という形で受け取ることができるのですね。

視聴者は100円から最大5万円までの金額を選ぶことができます。1日に投げ銭できる金額の上限も5万円です。

また最近では、ライブ配信ではなく通常の動画でも、一定の条件を満たしたチャンネルでは「**拍手を送る**」というボタンが用意され、200円〜5000円までの応援を送ることができます（次ページ下図）。

メリット

- ファンと交流できる
- 配信の仕方によっては赤札（高額チャット）を受け取ることもできる

デメリット

- チャンネルの収益化の基準を満たす必要がある
- 事前の告知や集客力が必要
- スーパーチャット（投げ銭）は全額もらえるわけではない
- コンテンツとの相性もある

スーパーチャット単体で稼ぐためにユーチューブを始める人はあまり多くないと思いますが、ライブ配信と相性のいいゲーム実況者やVtuberなどは、チャンネル登録者数がさほど多くなく

●「拍手を送る」ボタン

ても高額チャットである赤札を獲得することで大きく稼ぐことが可能です。

　数時間ほどのライブ配信で２００万～３００万円稼ぐ人もいるようですが、誰でもできることではないかなと思います。その理由は、スーパーチャットの本質は「応援」だからです。熱狂的なファンを持たないユーチューブ初心者の場合、ライブ配信への集客もままならず、人が集まらない恐れがあります。

　なお、スーパーチャットでは視聴者からの送金額がそのままもらえるわけではありません。ユーチューブでは70％が配信者の収入になります。

　ライブ配信と相性のいいチャンネルテーマやライブ配信の内容でなくては、なかなか投げ銭は集まらないでしょう。

● 支援金額の選択画面

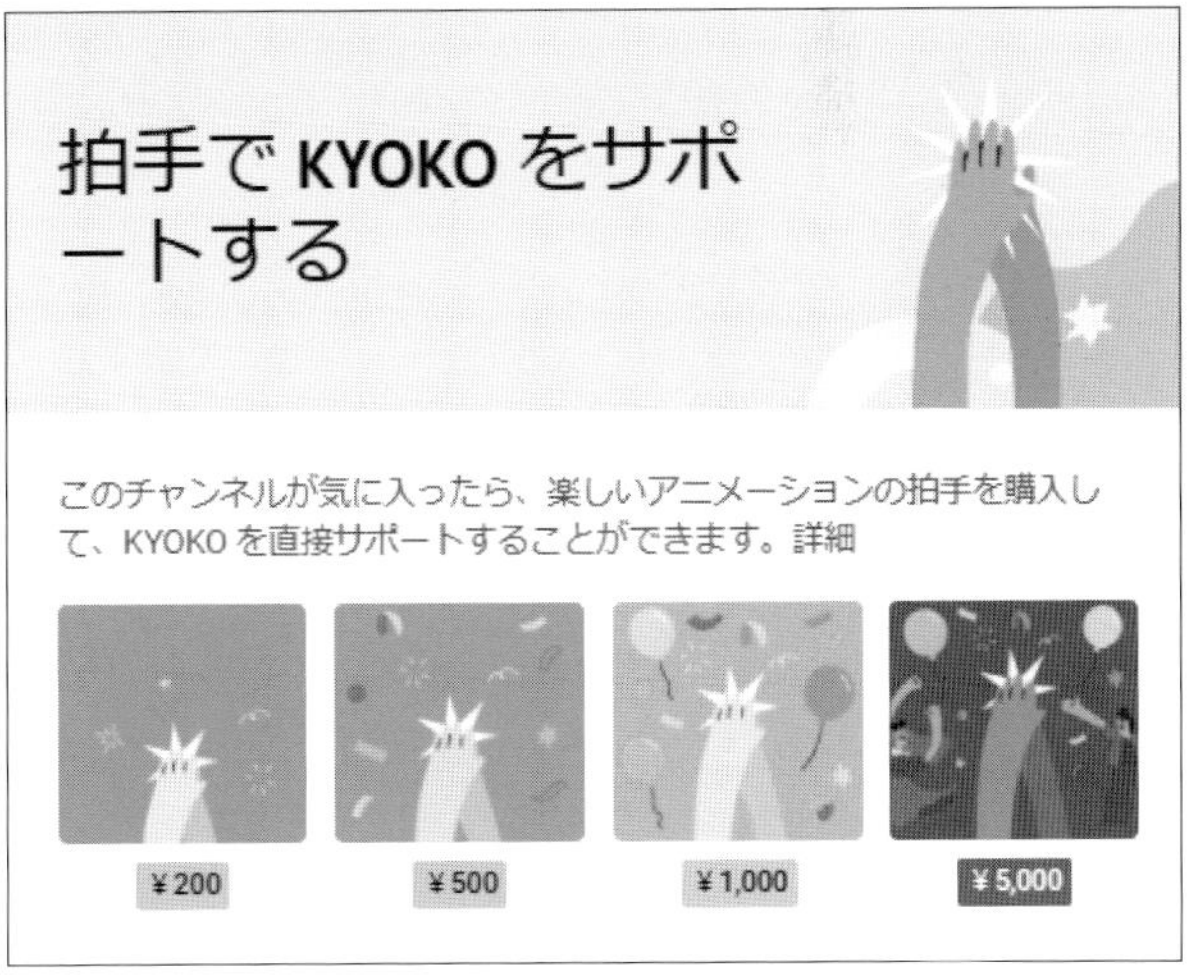
拍手で KYOKO をサポートする
このチャンネルが気に入ったら、楽しいアニメーションの拍手を購入して、KYOKO を直接サポートすることができます。詳細
¥200
¥500
¥1,000
¥5,000

5 メンバーシップ

ユーチューブの収益化スタイルの1つに「**メンバーシップ**」があります（下図）。メンバーシップとは、視聴者が毎月定額料金を支払うことで、ユーチューブチャンネルのメンバーになれる制度です。メンバーになることで、チャンネル運営者からさまざまな特典を得ることができます。わかりやすく言うと、ユーチューブを使った個人のサブスクリプション（サブスク）コミュニティといったところでしょうか。

ユーチューブのチャンネルページから「メンバーになる」ボタンをクリックすることで、そのユーチューブチャンネルの月額会員になることができます。サブスクの金額は月額90円から最高1万2000円まで設定できます。レベルを分けてメンバーに特典を提供することも可能です。

メリット

- **継続安定収入につながる**
- **ファンとの距離感が縮まる**
- **メンバー数が多いと侮れない金額になることも**

メンバーシップの登録ボタン

デメリット

- **知名度がないとメンバーが集まらない**
- **一般公開との線引きが難しい**
- **初心者には不向き**

メリットは、継続的にサブスク課金があるので、安定収入につながります。動画が再生されようがされまいが、月額課金なので関係ありません。仮に月額を安く設定しても、メンバー数が多くなれば大きく稼げる可能性もあります。

さらに、ユーチューブアルゴリズムに則った一般的な内容ではなく、ファンに刺さるコアな内容を発信できるため、ファンとの距離感を縮められるメリットもあります。

一方で、有料コミュニティなのでコンテンツの切り分けが必要ですが、一般公開のコンテンツとの線引きが難しい点も挙げられます。

ネットでさまざまな情報が無料で得られる時代で「情報」自体の価値が薄くなってきた昨今、「メンバーシップ限定の有料級動画」というような切り分け方ではあまり意味がありません。

サブスクを払ってでも参加するべき価値は、コミュニティとしての「つながり」です。そう考えると、ある程度ファンを抱えたチャンネル運営者でないと「メンバーを集めること」や「コミュニティの価値」が確立しにくいのも事実です。

6 企業案件

一定規模のチャンネル登録者数がある運営者、つまりインフルエンサーには、その知名度や影響力を目的に企業から案件の依頼が来ることもしばしばあります。

例えば、筆者のチャンネルではレンタルサーバーやドメイン販売会社、ウイルスセキュリティソフトなどの企業案件を受けています。

企業から依頼され、自分のチャンネルにマッチした案件を動画内で紹介するわけです。

メリット

- 商品提供を受けられる
- 一回でまとまった金額が稼げる

デメリット

- 登録者数が少ないと依頼は来ない
- 報酬は登録者数によりけり
- 宣伝は嫌われる

メリットとしては、企業案件で紹介するための商品やサービスの提供を受けることができます（あまり大きなメリットではないかもしれません）。

また、案件の紹介動画を一本作るだけで、ある程度まとまった金額が稼げるのもメリットの1つかもしれません。

しかし、企業案件の単価はチャンネル登録者数によりけりです。

企業案件動画の単価は「チャンネル登録者数×1〜1・5円」が相場と言われています。仮にチャンネル登録者数が5万人の場合、一本5万円〜7・5万円ほどになります。

また、案件依頼はチャンネル登録者数の少ない時期にはほとんどくることがありません。筆者も初めて依頼が来たのは5万人あたりだったような気がします。

宣伝は視聴者に嫌われる

実は、筆者の場合は企業案件が来てもほとんど受けません。その一番の理由が「視聴者の宣伝動画嫌悪」です。企業案件などの宣伝動画は、割合低評価がつきやすく、チャンネル登録の解除も起きやすい傾向にあります。

上記の理由をすべて加味したとしても、ある程度チャンネルが育ち、知名度や影響力を持ってから取り組むべき収益化スタイルだと感じます。

YouTubeで稼ぐ本質は、ブランドの確立（ブランディング）です。視聴者との距離が近いので、ファンを獲得しやすく自分をブランド化するのに適しています。

ここがポイント

- YouTubeで稼ぐ方法はさまざま
- YouTubeで直接収益を得るのは、広告収入やスーパーチャット、メンバーシップなど
- 独自コンテンツ販売やアフィリエイトなども活用できる

05 動画スタイルにもいろいろある

1 発信スタイル

ユーチューブの収益化スタイルが複数あるのは理解できたと思います。ここでは、ユーチューブの動画スタイルについて解説します。動画の発信スタイルと発信ジャンルに分けて解説します。

まず、発信スタイル1つとっても、さまざまな発信方法があります。

1．一人喋り

一人で淡々と話していくスタイルです。筆者のチャンネルはここに分類されるでしょう。最近は寸劇などの学習×エンタメ動画も投稿しているので100％ではありませんが、以前は黒板の前で独りで黙々とテーマについて解説していくスタイルでした。

このスタイルは比較的簡単に撮影できることから、初心者にはおすすめのスタイルです。

2. カップルチャンネル

一人ではなくカップルで運営していくチャンネルもあります。この場合、男女にかぎりません。一人喋りでは出せない掛け合いや、エンタメ的な面白さを出せるところがメリットでしょう。

ただし、カップルチャンネルに限らず、複数人で運営する発信スタイルでは、プライベートな事情から継続できないこともしばしば見受けられます。

カップルであれば「別れてしまった」とか、友達同士であれば「喧嘩してしまった」などの理由から、途中で一人喋りスタイルに移行するチャンネルも少なくありません。

3. グループチャンネル

エンタメ系に多いのは、３人以上で構成されるグループチャンネルです。

30ページで紹介した「Fischer's-フィッシャーズ-」（敬称略）もグループチャンネルです。メンバーひとりひとりの個性が際立って、よりエンターテイメント性が高まる発信スタイルです。

4. ラジオ

ユーチューブの中でも、ラジオチャンネルは存在します。ラジオというだけあって、音声のみの配信にはなりますが、中にはラジオを収録している映像とあわせて配信しているチャンネルもあります。

筆者もビジネスをテーマにしたメインチャンネルの他に、筆者の裏側をコンセプトとしたラジオチャンネル「KYOKOラジオ」も運営しています。

1人喋りスタイルよりもさらに撮影ハードルが低く、継続的に投稿しやすいというメリットもあります。

5. ライブ配信

ライブ配信を専門的に行う人をライバーと言ったりします。

ライブ配信は臨場感があり、視聴者とリアルタイムで交流できる発信スタイルです。しかし、すでにファンがいる状態でないと参加してくれる視聴者を集めるのが難しい問題もあります。

大々的な撮影設備はなくても、スマホ一台でサクッとライブ配信を始めることができますし、動画編集の必要もありません。その面では、撮影ハードルが低い発信スタイルの1つと言えるのではないでしょうか。

6. Vlog

日常をありのままの形で撮影して投稿するのがVlog（ブイログ）です。外での撮影や、日常を切り取ったリアリティが売りの動画です。

最近はルーティーン動画などが流行っており「作られたコンテンツ」より、チャンネル運営者の「裏側」や「ありのまま」を見たいユーザーも増えています。

Ｖｌｏｇは一発撮りではなく複数のカットが必要になるので、撮影ハードルは若干高めです。

7．漫画動画

イラストや漫画が得意な人は「漫画動画」で情報を発信するという選択肢もあります。「フェルミ研究所」や「ヒューマンバグ大学」などが有名です。皆さんも一度は見たことがあるのではないでしょうか。

これらのチャンネル規模でやるには、知識も作業量も一人でできるレベルではありません。しかし、もう少し身近な内容であれば、他のスタイルより少し労力はかかるものの、個人で行うことも可能です。

筆者のチャンネルでも、以前漫画動画を出していました。その際は次の人員で行っていました。

- イラストレーター
- ナレーター
- 動画編集者

8．Vtuber

Vtuber（ブイチューバー）は、バーチャルユーチューバー（Virtual YouTuber）の略です。アバターを使って配信することを指します。イラストやCGを使って動画投稿するので、顔出しをする必要はありません。

漫画動画と違うところは、２Dや３Dでキャラクターを操作するためのソフトウェアを使用する点です。有名なチャンネルでは「Adobe Character Animator」などを使い、キャラクターに動きを付けています。

9. ASMR

ＡＳＭＲ（Autonomous Sensory Meridian Response：自律感覚絶頂反応）は「音」を主体とした発信スタイルです。例えば「炭酸飲料を飲む音」や「グミを食べる音」などを、特殊なマイクで収録し投稿します。

音フェチのユーザーには非常に人気があり、聞いていて心地よい音声コンテンツになります。顔出しする必要もなく、比較的撮影しやすい発信スタイルです。

2 発信ジャンル

動画の発信スタイル以外に、**発信ジャンル**も幅広く存在します。どのジャンルに参入するかで収益性は大きく変わってきますね。

ここでは８つのジャンルを紹介しますが、他にもまだまだたくさんあります。

1.エンタメ

テレビ番組のようなエンターテイメント性のあるジャンルです。はじめしゃちょーや、**Fischer's-フィッシャーズ-**などはエンタメ系の代表なのではないでしょうか。

スライム風呂やメントスコーラなど「やってみた系」のコンテンツなども多く、幅広い年代から視聴されるジャンルでもあります。

2.ビジネス系

筆者が参入しているのがビジネス系、および教育系と呼ばれているジャンルです。学びを得られるような学習コンテンツを動画として投稿することで、知識欲のあるユーザーを獲得することができます。

このジャンルはシリアスなテーマであることが多いため、広告単価が他のジャンルに比べると比較的高いです。

また、独自コンテンツ販売との親和性も非常に高く、ブランディングに向いています。

3.書評

ビジネス系と近いですが、書評だけを取り扱うチャンネルも存在します。ビジネス書や自己啓発本などを要約してわかりやすくアニメーションで解説しているところもあります。

堅い内容の本をしっかり読むにはなかなか時間が取れない人も多いでしょうから、書評ジャンルは結構需要があります。

4. ゲーム実況

これは、その名の通りゲームプレイの実況をする動画のジャンルです。

人気のゲームの攻略法を教えたり、進行中の生のリアクションを伝えたりすることなどに、コンテンツ価値があります。

チャンネルごとに得意とするゲームがあり「バイオハザード」や「フォートナイト」「あつ森(あつまれ どうぶつの森)」などの王道ゲームや、話題の新着ゲームを取り扱うチャンネルが多いです。

ライブ実況や、Vtuberのゲーム実況チャンネルなどさまざまな掛け合わせ方があります。

5. フィットネス

フィットネスジャンルもまた根強い人気があります。「腹筋を割る方法」や「痩せるダンス」などを見たことがある人も多いのではないでしょうか。

基本的に、視聴者が動画を見ながら一緒にやれるような動画が多いです。

筋トレ関連のブログなどを持っていれば、連動させることも可能ですね。

6. 歌

ユーチューブと非常に相性のいいのが「歌」のジャンルです。

メジャーデビューしているアーティストや、アマチュアシンガー、はたまた趣味で歌っている一般人まで、歌のコンテンツはユーチューブで多くの人に聞かれています。

ユーチューブ内で曲名を検索すると、オリジナルの映像ではなくその歌を歌っている人がたくさん出てきますからね。「曲名」というのは、自作の曲でもない限り、一般的に知られているものですし、検索されれば割と多くの人の目に触れることになるでしょう。

自分が歌うだけのコンテンツではなく、ボイストレーニング的なチャンネルも増えてきています。

7. 料理

画像や文字だけではなかなか伝わりにくく、動画でなら詳しく伝えられるのが料理のジャンルです。料理こそまさに「作っているところを見たい」と思う王道のテーマではないでしょうか。

- 中華料理のチャンネル
- 男のぼっち飯のチャンネル
- 家庭料理のチャンネル

このような感じでテーマを絞って発信しているチャンネルも目立ちます。

8．子ども向け

子ども向けのジャンルも不動の人気です。

おもちゃの開封動画だったり、そのおもちゃを動かしたストーリーだったり……筆者の子どもたちもよく見ています。

30ページで紹介したユーチューブ収益ランキング2位の**「キッズライン♡Kids Line」**（敬称略）も、子ども向けチャンネルの代表ですよね。

今は子どもたちもテレビよりユーチューブを好んで見ますから、市場は広いと言えそうです。

ここがポイント

- YouTube動画には、複数の発信スタイル、発信ジャンルがある
- 発信スタイルは、一人で行うものや、複数のグループで行うものなどさまざま

06

初心者が月10万円稼ぐためには

1 数で勝負するスタイルは茨の道

一口にユーチューブといっても、その発信スタイルや収益化方法はさまざまなものがあるというのがおわかりいただけたかと思います。たくさんの運用方法がある中で「初心者が月に10万円稼ぐ」ためにはどのようにすればいいのでしょうか。

人には向き不向きや趣味嗜好があるので、一概にこれと断定はできません。しかし「**継続すること**」「**早い段階で収益化すること**」の2つを条件と考えると「**数で勝負する**」ことはおすすめしません。

「数で勝負する」とは、簡単に言えば**チャンネル登録者数や再生数に起因する稼ぎ方**です。

例えば、ユーチューブの広告収入に依存した稼ぎ方を目指した場合、とにかく数にこだわらなくてはいけません。チャンネル登録者数を増やすため、再生数を伸ばすため、広く浅いコンテンツしか作れなくなります。そしていつしか「数字を伸ばすこと」だけが目的となってしまうこともよくあるのです。

さらに言えば、数字が伸びれば収入を得られますが、そう簡単に数字は伸びません。

ユーチューブ参入者が増えたことにより、ライバル数は増え競争は激化され、動画のクオリティも底上げされています。その中でありきたりな内容の動画を作っても、チャンネル登録は増えません。

3時限目でユーチューブのアルゴリズムについて説明しますが、よほど独自色が強いか、強烈にライバルと差別化されたクオリティのコンテンツが出せるのであれば別ですが、レコメンドされなくては再生数も伸びないでしょう。

2 チャンネル登録者数がすべてではない

34ページで説明した通り、筆者はチャンネル登録者数が1万人に満たないときでも、ユーチューブ経由で月に200万〜300万円の収益がありました。

ユーチューブは情報伝達量の多い媒体なので「強力なブランディング」ができます。そこで濃いファンを少数でも集めることができれば、ユーチューブを通したビジネスのCVR（成約率）は驚異的な数字になります。

もちろん、収益化スタイルを1つに絞る必要はありません。ユーチューブの収益化ラインであるチャンネル登録者数1000人と年間総再生時間4000時間を超えているのであれば、広告収益を絡ませるのも大いに結構です。

ただ、初心者がユーチューブの広告収益だけで月に10万円稼ごうと考えた場合、ざっと考えても次のようなハードルがあります。

- **寝る間も惜しんでライバルとは違った企画を考えなくてはいけない**
- **高クオリティな動画を撮影しなくてはいけない**
- **「伝わる」動画編集をしなくてはいけない**
- **数を取るなら高頻度で配信しなくてはいけない**

これだけの努力を一時的、短期的ではなく長期的に継続しなくてはいけないのです。

仮に1再生0・1円だとしたら、10万円稼ぐためには100万回再生されなくてはいけません。通常、始めたばかりのチャンネルでは、1本につき再生数が一桁であることも珍しくないことを考えると、100万回再生されることがどれだけハードルの高いことなのかおわかりいただけるでしょう。普通に考えても心が折れてしまいますよね。

ユーチューブでなくても、ブログやアフィリエイトを始めるにしても同じですが、**モチベーションを保つためには早い段階で結果を出すことが必須**です。その観点から、チャンネル登録者数がすべてではなく、もっと他に早い段階で収益化できる方法はあります。

3 「ビジネススタイル×参入ジャンル」で決まる

初心者が早い段階で1つの節目である月10万円を稼ごうとした場合、**ビジネススタイルの選択と参入ジャンル**が重要です。

何度も言いますが、ユーチューバーとして広告収益だけを頼りに稼ごうと思えば、毎日継続しても1年はかかるはずです。しかし、ユーチューブをビジネスツールの一環として使った場合はそうではありません。あくまでも一例ですが、自分のサービスへ集客するため「**ユーチューブ自体を広告として利用する**」というスタイルであれば、チャンネル登録者数が少なくても、比較的早い段階で月10万円を稼ぐことができるはずです。

自分の商品を持っていない人は、このスタイルでなくても大丈夫です。ユーチューブをブランディングのためのツールとして考えれば、早い段階で収益化する方法はいくらでもあります。ユーチューブで情報発信をしてブログやサイトに誘導する方法もありますし、ブランディングしながら自分の商品を作ってもいいわけです。

さらに、大きく稼ぐためには**参入ジャンル**も重要になってきます。マーケットの商品単価が高額なジャンルに参入すれば、稼げる金額は大きくなるでしょ

● ユーチューブで情報発信してブログやサイトへ集客する例

コンテンツ	収益化
ヘアスタイルやヘアセットのhow-to	自分の経営している美容室への集客
ビジネスノウハウ	自社サービスへの集客
フィットネスコンテンツ	ブログへの集客

う。例えば、キッズジャンル（子ども向けチャンネル）を運営していた場合、売り物はおもちゃの紹介や低価格帯のサービスの紹介などが中心で、高額商品の販売は難しいかもしれません。仮に自分のサービスを持っていたとしても、子どもをターゲットにしている以上あまり高価格帯のプライシングはできないでしょう。

ビジネスや美容系のジャンルは大きな金額が動く

大きな金額が動くジャンルとは何でしょうか。例えば筆者が参入しているビジネス系ジャンルは大きく稼げる市場です。基本的に「学び」はサービスや商品が高額である場合がほとんどです。さらにこのジャンルは広告単価も高いので、補足的な収益だけでもバカにできません。その他、美容系ジャンルなども市場は広く、企業案件の依頼も活発です。

しっかりとブランディングしてファンを獲得すれば、自身のオンラインサロンなどで収益化することもできます。

広告収入だけではなく、YouTubeを「集客ツール」としてうまく使って稼ぐことが、収益化の最短ルートです！

4 月10万円までの具体的な手順

1. スケールできるジャンル選定とチャンネル設計
2. ブランディングしつつ収益化ラインを目指す
3. 親和性の高い収益化スタイルを掛け合わせる

基本的にはこの3段階で完結します。

まず、ビジネスがスケールするジャンルを選び、それに合わせてチャンネル設計をしていきます。チャンネル運営をスタートさせた最初の頃は、動画をアップしてもほとんど再生されないかもしれません。しかし、チャンネルのターゲットユーザーを念頭に置いてブランディングしつつ、ユーチューブの収益化ライン（登録者数1000人、年間総再生時間4000時間）を目指していきます。その上で、広告収益だけでユーチューブに依存するのではなく、最終的に複数ある収益化スタイルを掛け合わせていきましょう。

広告を貼れるようにするため、収益化ラインをクリアしなくてはいけません。そこに行き着くまでが1つの試練なのですが、なるべく早く収益化ラインを超えるためには、ユーチューブのアルゴリズムを理解しなくてはいけません。

・視聴者とユーチューブに好かれる動画とは何か？
・それはどうやって作ったらいいのか？

2時限目からは、ユーチューブのアルゴリズムについて詳しく解説していきます。

2時限目では、集客できる動画の具体的な作り方について解説します！

ここがポイント

- 広告収入だけで月10万円稼ぐのは大変
- 素早く稼げるようになるには、YouTube自体を広告として利用するのが近道

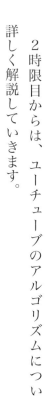

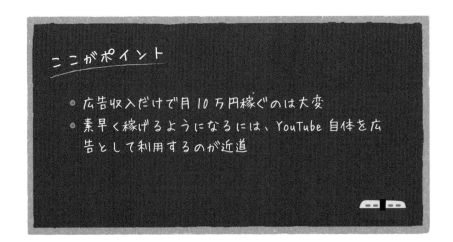

Column 1

奇跡の仕事 YouTube講演家

鴨頭嘉人

はじめまして、鴨頭嘉人です。

僕の職業は講演家です。

全国の企業・団体に足を運び、リーダーシップ・マネジメント・人材育成・販売獲得についての講演・研修を行っています。

自社開催のセミナーも合わせると、その数は年間330回にのぼります。

2019年10月には、社会貢献にもつながるイベント「鴨頭嘉人の働き方革命」を開催。パシフィコ横浜に約3,000人を集め、4時間半の単独講演会を行いました。

全国ツアーでは1ヶ月間で約8,000人もの人たちが、僕の講演を楽しみに集まってくれます。

本当にありがたいことです。

この状態は約2年前から……（周りから見れば）突然、起きたのです。

奇跡だと感じています。

しかし……さかのぼること9年、僕は無職でした……。

半年間、講演回数はゼロ。売上ゼロ。収入ゼロ。社員ゼロ。人と会う予定もゼロでした。

半年が経ち…売れていない僕を見つけてくれて、講演を聞いたり、仕事を依頼したり、紹介したりしてくれた人たちのおかげで…ようやく講演家になれました。

でも、自主開催のセミナーやイベントの会場はいつもガラガラ……。

赤字が当たり前でした。

会社を設立して約7年間……。毎年のようにキャッシュアウトの危機がありました（もちろん無謀なチャレンジをし続けたので、その分基礎体力が尽きました）。

そして、2年前……「それ」は訪れました。

集客の悩み……ゼロ。

何をやっても、何を売っても、世の中になかった新しいプログラムにチャレンジしても、すべてが思った以上の成果につながるよう、僕の人生は変貌を遂げたのです！！

なぜ、そんな革命が起きたのか！？

すべてYouTubeです。

「YouTube毎日観てます！」

「仕事が楽しくなりました！」

「離婚寸前だった夫婦関係が180度変わったんです」

そんな声を毎日……何十人、何百人からいただくようになりました。

会社では、YouTubeをきっかけに僕のところに学びに来た生徒さんが社員になっています。

経営者でありながら「人とお金の悩み」から完全に解放されました！！

今、自分のできることをやりきる以外のことは、僕の頭の中にはありません。

すべてはYouTubeだったんです。

YouTube講演家とは

「YouTube講演家」とは、多くの人に気づきや夢、希望、勇気、感動を与え、喜んでもらいながら食べていける奇跡の仕事です。

僕のYouTubeを観ている人は、そこに気づきがあったから、夢が描けたから、希望を感じたから、勇気が湧いてきたから、心が動いたから、毎日僕が投稿する動画を楽しみにしているんだと思います。

世の中に価値のある情報を発信しながらビジネスでも成功することができる。つまり、超がつくほどの美談で食べていける職業がYouTube講演家です。

社会貢献とビジネスが完全に一致した世界です。

僕のYouTubeチャンネルは、平均すると1日40万回再生されています。約40万人に、毎日影響を与えているんです。

そして、その人たちにちゃんと商品を売ることもできています。それも、押し売りすることはなく、本当に必要な人だけが商品を求めてくるんです。

つまり、社会貢献が標準で、ビジネスも同時にうまくいってしまう。こんな美談を実現できるのがYouTube講演家です。

世界は簡単に変えられる！

YouTubeの世界でレベルアップすることは、社会的ステータスの向上に直結します。

YouTubeを始めたばかりのあなたが、社会に何らかの影響を与えることは、ほぼありません。

最初のころは着実に力を蓄える時期と考えてください。

地道な努力を重ね、チャンネル登録者数が1,000人を超えたころから、あなたはYouTubeに認められるようになります。

「YouTubeパートナープログラム」という制度があります。

広告収入など、YouTubeを通じて収益を得られるようになるには、このYouTubeパートナープログラムの認定が必要になります。

（左ページに続く）

再生回数が１万回を超えると、その動画に広告が掲載され、収益が発生します。

このYouTubeパートナープログラムの認定によって活動の幅が広がり、自身のビジネスに変化が起き始めます。

そして、チャンネル登録者数が5,000人を超えるころから、あなたを取り巻く世界が大きく変わり始めるのです。ここからの数値の基準は、僕自身の経験と、僕がこれまでに育てたYouTuberの生徒さんの実績によるものなので、参考程度にご覧ください。


チャンネル登録者数の伸びが加速して、売上にインパクトが生まれます。

登録者5,000人という第一の壁を超えると、第二の壁２万人は思いのほかすぐにクリアできます。

ここから先は予想もしない急激な変化が起こり、爆発的にチャンネル登録者数が伸びるでしょう。そして、10万人を達成するころには、集客の悩みがなくなります。

YouTubeで蓄積した信用がキャッシュ化されるのがこの時期であり、あなたのファンがあなたの商品を買い求めるようになるんです。

そしてチャンネル登録者数が100万人を超えるころには社会的にも影響力を持つようになります。


僕のYouTubeでの初投稿は、2012年９月３日。その動画をアップロードした24時間後の再生回数は３回。そのうちの２回は僕と社員のヒロキングでした。

でも僕たちはこう思ったんです。

「やった！　いける！」

自分たち以外に一人、動画を見てくれた人がいたんです。これはいける！　そう思って、７年間ひたすら走り続けてきました。

最初の３年間、１日の平均チャンネル登録者数は0.5人でした。それでも僕たちは「いける！」って信じたんです。YouTubeで絶対世界を変えられるって信じたんです。

そして５年後、やっとブレイクしました。

信じて信じて、信じ抜くことがどれだけ価値のあることか、僕たちは経験してきて実感したんです。

売れない時期、自分に何度も何度も言い聞かせてきた言葉があります。

「私は大器晩成なのだ。後でものすごいことになるから今に見てろ」

誰にも言わず、自分の心の中だけで、自分に言い続けてきた言葉です。

「恥ずかしい」とか「レベルが低い」とか言わずに、まずは最初の一歩を踏み出して、続けてほしいんです。

勉強してから始めてはいけません。始めてから勉強するんです。YouTubeをやって成功している人はみんなそうなんです。できるようになってからやった人なんか、一人もいないんです。

自分を信じ抜いた人が伸びていけるのがYouTubeです。

すべての仕事と人間関係、経済、世の中の仕組み、人々の価値観に「革命」を起こすことができるのが、YouTubeです。

世界を変えるためのプラットフォームが、YouTubeです。

それが僕の信念であり僕の実体験です。

本書を手に取ってくださったことで、人生を豊かにするヒントを得て、幸せになる人が一人でも増えることを願いながらペンを置きたいと思います。

著者プロフィール

鴨頭嘉人（かもがしら よしひと）

2010年に独立起業し株式会社ハッピーマイレージカンパニー設立（現:株式会社東京カモガシラランド）。

人材育成・マネジメント・リーダーシップ・顧客満足・セールス獲得・話し方についての講演・研修を行っている日本一熱い想いを伝える炎の講演家として活躍する傍ら、リーダー・経営者向け書籍を中心に18冊（海外2冊）の書籍を出版する作家としても活躍 。さらには「良い情報を撒き散らす」社会変革のリーダーとして毎日発信している。 YouTubeの総再生回数は2億回以上、チャンネル登録者数は延べ100万人を超す、日本一のYouTube講演家として世界を変えている。

・公式HP：https://kamogashira.com/

・YouTube専用チャンネル：http://bit.ly/kamohappy

・Twitterページ：https://twitter.com/kamohappy

2時限目
ユーチューブのSEOとアルゴリズム

検索経由と、おすすめ・関連動画経由の2つの流入対策について、詳しく解説します！

01 ユーチューブもグーグルのプラットフォーム

1 一般的なSEO対策との共通点

ユーチューブは2006年にグーグルに買収され、現在はグーグルの傘下にあるプラットフォームです。検索エンジンであるグーグルの配下にあることもあり、ユーチューブのキーワード検索への対策は、一般的なWEBの**SEO**と共通している部分がかなり多いです。SEO（Search Engine Optimization：検索エンジン最適化）とは、コンテンツを検索エンジンに評価されやすくすることで検索結果で上位表示を狙う施策です。

グーグルの検索結果でユーチューブ枠は上位に設けられており、検索経由での流入もばかになりません。このグーグル検索の上位にあるユーチューブ枠を奪取するために行う施策が**YouTube SEO**と呼ばれています。

一般的なSEO対策にはさまざまなテクニックがありますが、基本的な考え方としては「ユーザー（閲覧者）にとって有益なコンテンツが高い評価を受ける」ということです。これを理念に、より検索ユーザーの検索体験を最適化しようとしています。

上位表示するためには、次の条件を意識したコンテンツ作りが必要です。

- **コンテンツの独自性（オリジナリティ）**
- **コンテンツの品質（クオリティ）**
- **コンテンツの専門性**
- **コンテンツの網羅性**
- **コンテンツ制作者の専門性**
- **コンテンツの正確性**
- **コンテンツの信憑性**
- **コンテンツの見やすさ**

SEOは不変ではなく、その時々によって傾向が変わります。最近は「どんな内容か」よりも「誰が言っているか（専門性・信憑性）」をより重く評価する傾向にあります。そのため、コンテンツ内容が検索キーワードと単に合致しているというだけでは、上位表示されにくくなってきました。

これは「**E-A-T**」と呼ばれるものです。E-A-Tは次の頭文字を並べた言葉です。

- Expertise（専門性）
- Authoritativeness（権威性）
- Trustworthiness（信頼性）

コンテンツの専門性、権威性、信頼性を重要視する傾向は、ユーチューブでも顕著になってきました。一般的なSEO対策と同様に、機械（アルゴリズム）と人（視聴ユーザー）の両方に評価される必要があります。

2 ユーチューブにも通ずるSEOの方法

ユーチューブに投稿した動画で、検索結果（Web検索・YouTube検索）上位表示を狙う場合、次のような一般的なSEO対策の方法を頭に入れておく必要があります。

- **ユーチューブでも使うSEO対策**
- **目標キーワードを設定する**
- **タイトルにキーワードを入れる**
- **見出しへ検索意図を満たすキーワードを入れる**

- **メタデータにキーワード対策をする**
- **コンテンツ内のキーワード**
- **チャンネルの専門性を意識する**

見ての通り、基本的にSEO対策とはキーワード対策です。
それとは別に、次のようなユーザーに対する働きかけ（ユーザーの満足度を上げる施策）も必要です。なぜなら、ユーザー満足度の低い動画はimpression（露出）されないからです。

ユーザー満足度を上げる方法

- **クリックされるタイトルをつけること**
- **タイトルと中身の適合性**
- **見ていてストレスのない編集**
- **そのチャンネルでしか見られない独自性**
- **規則的な更新頻度**

ユーザーに対する働きかけは、検索結果経由で動画へアクセスしたユーザーに、長い時間動画を見てもらうことにつながります。つまり、長い視聴時間とエンゲージメント（愛着）を獲得するために行う対策ともいえます。

この対策を施してユーザーを満足させることで、ユーチューブから「いいコンテンツである」と評価され、関連動画やおすすめに露出することとなるのです。

3 ユーザーの興味関心に最適化された表示

一般的なSEO対策とユーチューブのアルゴリズムはとてもよく似ています。しかし、決定的に違う部分もあります。

ユーチューブのトラフィックソース（流入経路）には、大きく分けて次の3つがあることを、まずは覚えておいてください。

1. 外部流入（グーグルの検索結果、SNS、メルマガなど）
2. ユーチューブ内検索
3. 関連動画（おすすめ）

1と2はYouTube SEOで対策できる部分です。しかし、3はその限りではなく、しかも関連動画からの流入は全体の90％を占める、非常に重要な流入経路です。

ユーチューブを見るとき、ホーム画面や視聴した動画の右側エリアに表示される関連動画から、気になるものをピックアップして見る人も多いのではないでしょうか（次ページの図）。このおす

● ホーム画面のおすすめエリア

● 関連動画のエリア

すめ動画や関連動画は、ユーチューブのアルゴリズムによってユーザー行動にマッチした結果を表示させています。

つまり、ユーチューブはレコメンドエンジン的な要素が強いプラットフォームということです。

グーグルで検索するユーザーは、能動的に自発的に情報を求めています。しかし、ユーチューブの場合はグーグル検索より受動的です。なんとなくレコメンドされた動画を続けて見ていく……といった感じです。

その観点で考えると、一般的なグーグル検索のアルゴリズムに比べて、ユーチューブのアルゴリズムはユーザー対策に重きを置いた性格があるといえるかもしれません。

ここがポイント

- YouTube SEOを施すことで検索からの集客もできる
- そのためにはアルゴリズムと視聴ユーザーの両方に好かれなくてはいけない
- 一般的なSEO対策と似ているがYouTubeの方がユーザー対策寄り

02 キーワード対策を施して集客の間口を広げる

1 目標キーワードの分析（ツールの使用）

関連動画やおすすめからの流入が多いとはいえ、ユーチューブ検索やグーグル検索からの流入を無視することはありません。もっとも大切なのが**キーワード対策**です。特定のキーワードで検索した際に、より上位に自分の動画を表示させることができるようになります。**どのような動画を作るべきかを、キーワードベースで考えていく**のですね。

検索キーワード対策を施す際には、設定する目標キーワードに需要があるのか（キーワード検索されている単語であるか）を確かめておく必要があります。そこで、自分が運営するチャンネルにマッチしたキーワードは何なのかをツールを使って確かめていきましょう。

キーワードを洗い出す代表的なツールといえば「**ラッコキーワード**」（79ページの図）です。ラッコキーワードは、サジェストキーワード（あるキーワードと一緒に検索されている関連キーワ

● 「副業で稼ぐ方法」の YouTube 検索結果

● 「副業」の Google 検索結果

● 検索エンジンでキーワードを入れて検索

● YouTube 検索でキーワードを入れて検索

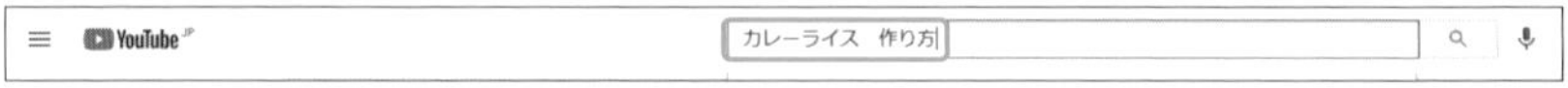

ード）を調査できるツールで、GoogleサジェストやBingサジェスト、YouTubeサジェストなどの情報を取得して表示しています。

ラッコキーワードの検索窓に指定の文言を入れると、関連キーワードが一覧で表示されます。図の例では「副業」の関連キーワードとして「おすすめ」「在宅」「確定申告」などが表示されています。

この中の1つを目標キーワードにして動画を作るとして、どのキーワードを選ぶべきでしょうか。キーワードの需要、つまり検索ボリュームを確認するためには「**Googleキーワードプランナー**」というツールを使います。

これによってそのキーワードが月間どれぐらい検索されるのか「需要」を知ることができます。

Googleキーワードプランナー

STEP1

Googleキーワードプランナーのページに移動してロ

● ラッコキーワード（https://related-keywords.com/）

● STEP1　Google キーワードプランナーにログインする
（https://ads.google.com/intl/ja_jp/home/tools/keyword-planner/）

● STEP2　月間検索ボリュームを調べる

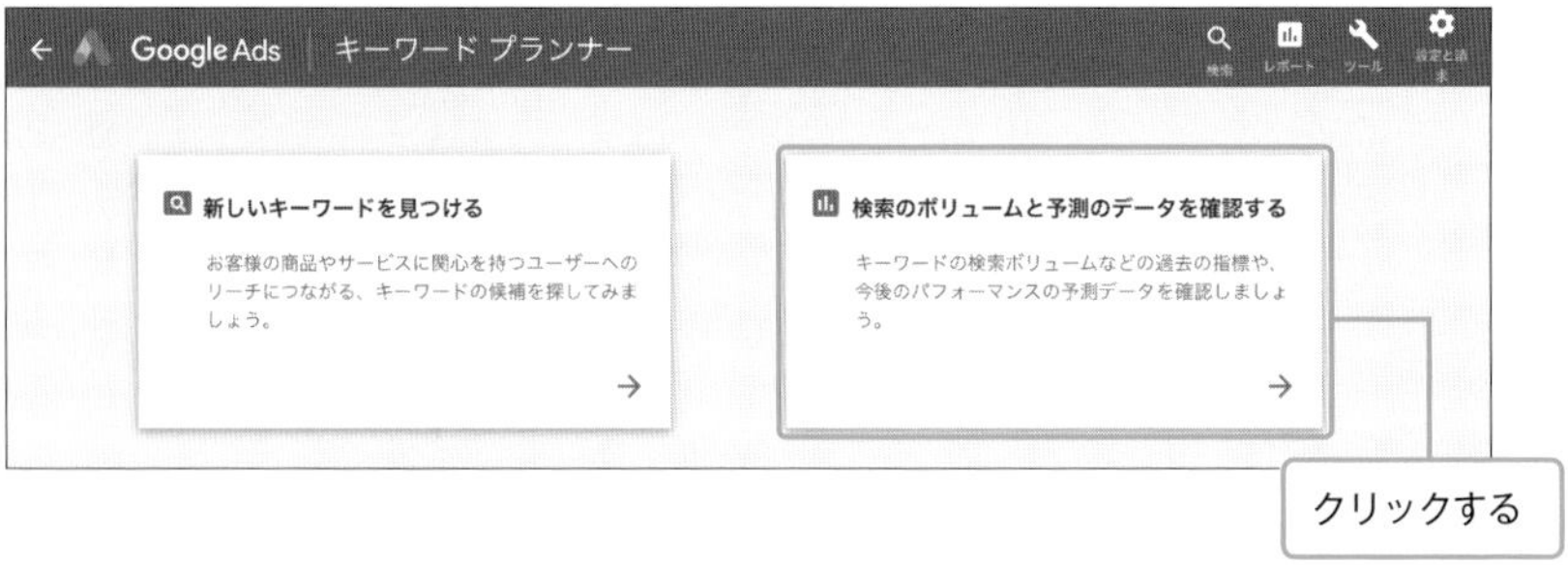

● STEP3　調べたいキーワードを入力

STEP4　タブの切り替え

STEP5　検索ボリュームを確認する

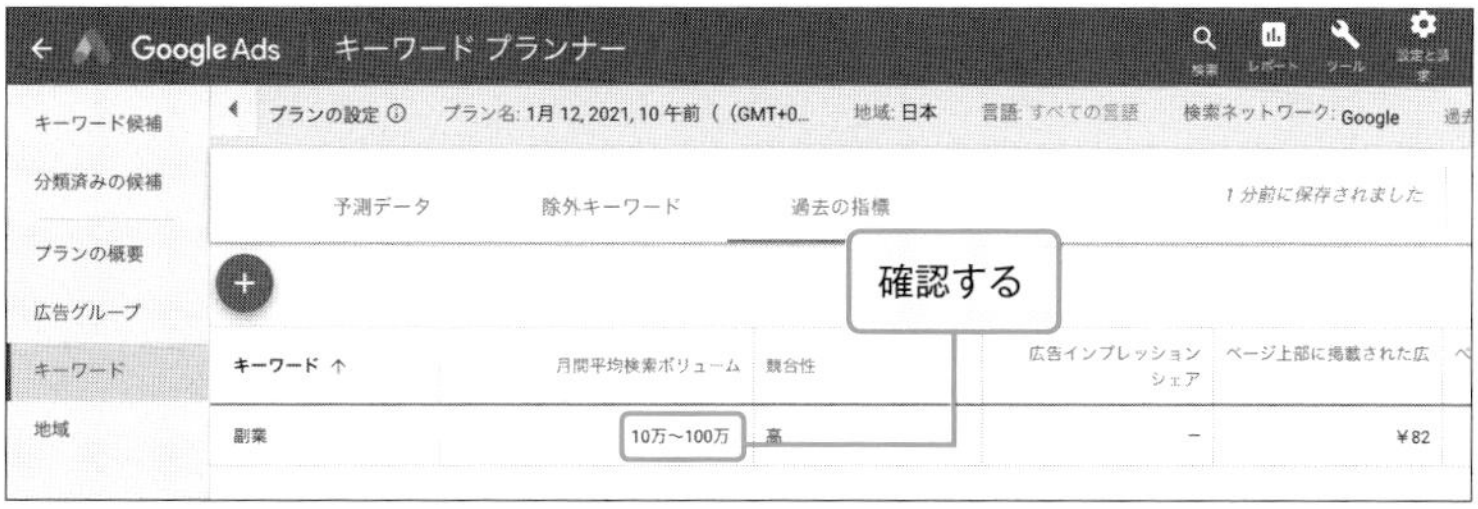

グインします（前ページ上図）。

STEP2

次に、キーワードプランナーのトップページにある右側の「検索のボリュームと予測のデータを確認する」をクリックします（前ページ中図）。

STEP3

「検索のボリュームと予測のデータを確認する」で、調べたいキーワードを入力します（前ページ下図）。2語や3語のキーワードの場合はスペースを空けて入力しましょう。複数のキーワードを一度に調べることもできます。その場合はカンマで区切って入力しましょう。すべて入力したら「開始する」ボタンをクリックします。

STEP4
ページの上部にある「過去の指標」をクリックします（前ページ上図）。

STEP5
検索ボリュームを確認します（前ページ下図）。「月間平均検索ボリューム」欄の数字が、そのキーワードの検索ボリュームです。例で調べたキーワード「副業」は1月に10万～100万回検索されているということになります。かなり需要が高いキーワードだということがわかりますよね。

全く検索されないキーワード、つまり世間の需要がないキーワードの場合は「—」が表示されます。検索数の少ないキーワードを目標キーワードにしてしまうと、検索結果経由での流入はあまり見込めません。

このようにして、これから作る動画の内容がどれだけ世間に求められているものなのかを確かめる指標ができます。

2 キーワードの検索意図から考えるコンテンツ

需要のあるキーワードが見つかったら早速動画を作っていきます。そこで重要になってくるのは「どのような内容の動画にするか」ではないでしょうか。

「キーワード経由での流入」を考えた場合、まず「キーワードの検索意図（目的）」を理解して、動画内に表現していかなくてはいけません。例えば、例に挙げた「副業」というキーワードをユーチューブで検索する人の意図は何でしょうか。

- 副業の何が知りたいのか？
- どんな内容の動画であれば満足するのか？

このような仮説を検討して検索意図を満たしていくことでユーザー満足度の高い動画になり、最終的にYouTubeアルゴリズムによっておすすめされやすくなります。

検索意図を類推するには、次のような方法があります。

実際に検索して検索結果から類推する

「副業」でユーチューブ検索をした結果、表示された動画の傾向としては「簡単にできる」「タダでできる」などの簡便性を求めた動画や「おすすめ」といった要素があるものでした。

サジェストキーワードをチェックする

ユーチューブの検索窓にキーワードを入力すると、下にサジェストキーワードが表示されます（YouTubeサジェスト。次ページの下図）。軸となるキーワードに付随して検索される複合キーワ

● STEP1　実際に検索してみる

● STEP2　サジェストキーワードをチェック

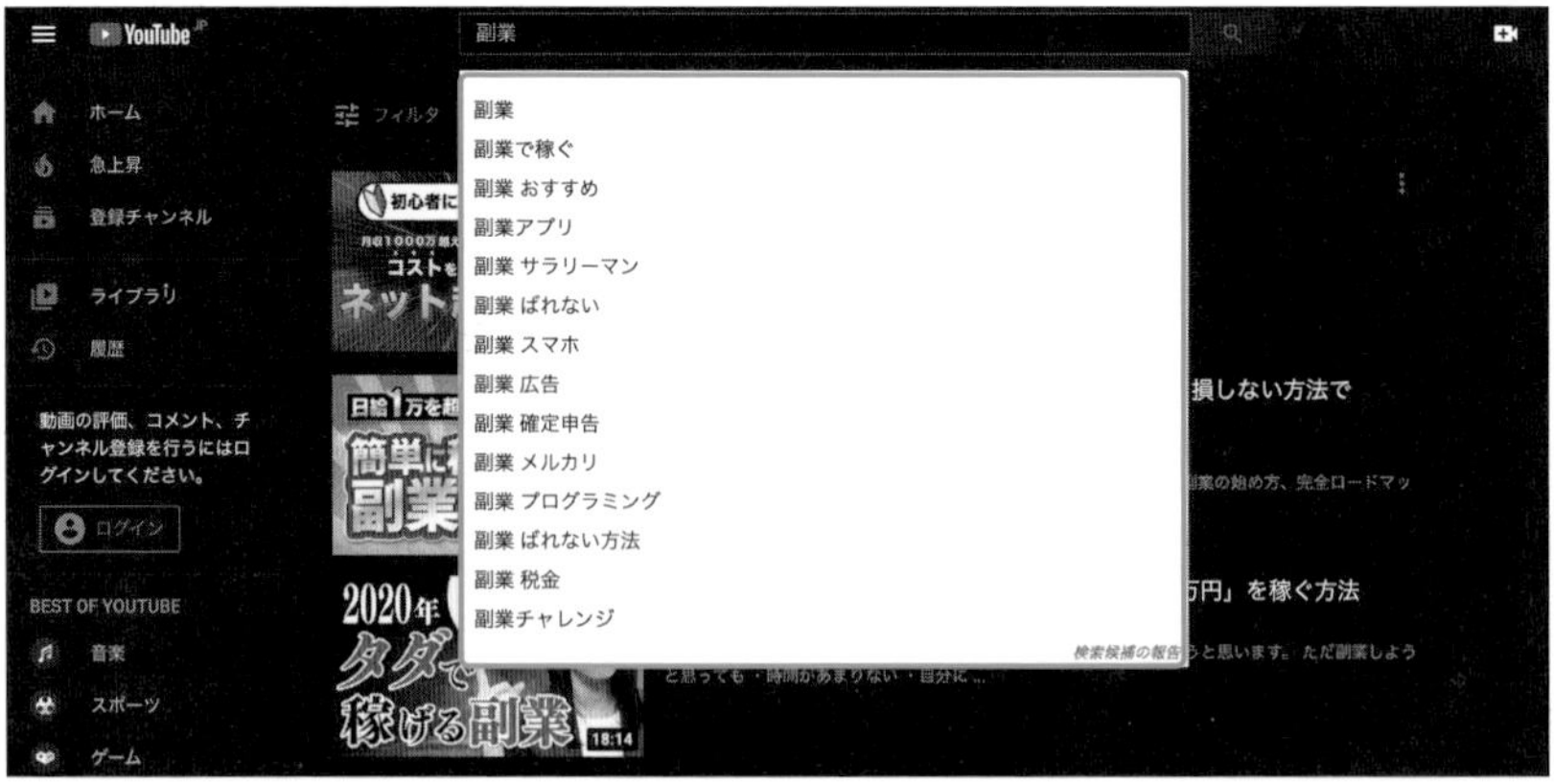

ードです。「こんなことが知りたいのでは？」と提案（サジェスト）してくれるのですね。これらも、ユーザーの検索意図を表しています。例では「副業で稼ぐ」「副業　おすすめ」などが表示されました。

これらを加味して「副業」キーワードを使ってユーチューブ検索する人の検索意図は、次のように類推できます。

- **簡単に始められる副業が知りたい**
- **おすすめの副業が知りたい**
- **副業で稼ぐ方法が知りたい**

これらの検索意図をしっかりと満たす動画を作らなくてはいけません。

ユーチューブは、動画内のセリフに含まれるキーワードも読み取って検索やおすすめに反映していると言われています。副業の動画のはずなのに、実際に動画を再生すると全然違う内容であったりしたら「あれ、副業についての動画じゃなかったの？」と視聴者も検索システムも混乱し、動画の評価を下げる原因になります。

クオリティの高い動画であれば、動画内で適度に関連語句を発声するはずです。そうすることで「整合性のとれた動画だ」と高く評価が付きますし、見ているユーザーも満足するでしょう。

3 動画タイトルにはキーワードを入れよう

ユーチューブのアルゴリズムは、タイトルを最重要視しています。動画タイトルには、必ずその目標キーワードを入れましょう。例えば「副業」というキーワードで動画を作ったなら、必ずタイトルには「副業」という言葉を入れます。

その他にも主軸キーワードである「副業」に付随する検索意図もタイトルに入れてみましょう。

下の例であれば「タダで稼げる」「稼ぐ方法」「月５万円」「２０２０年最新」「３選」のような文言を選択しています。それぞれ次のような要素を取り入れるために使っています。

- 「タダで稼げる」↓簡便性を訴求
- 「稼ぐ方法」↓ノウハウの提供を示唆
- 「月5万円」↓数字を使って具体性を
- 「2020年最新」↓情報の新鮮さを示唆
- 「3選」↓具体的な数字を使ったおすすめ

● タイトルにキーワードを入れる

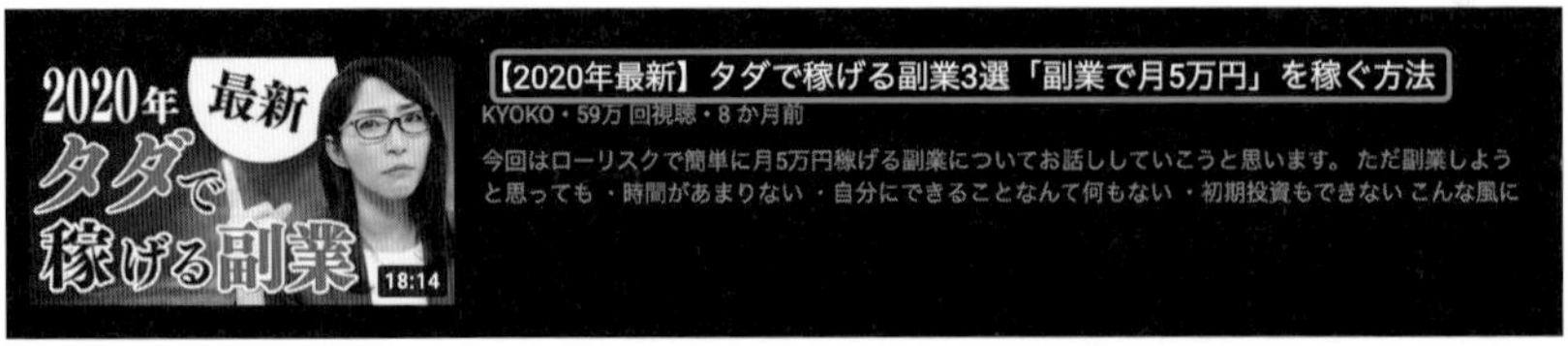
2020年 最新
タダで
稼げる副業
18:14
【2020年最新】タダで稼げる副業3選「副業で月5万円」を稼ぐ方法
KYOKO・59万 回視聴・8 か月前
今回はローリスクで簡単に月5万円稼げる副業についてお話ししていこうと思います。ただ副業しようと思っても・時間があまりない・自分にできることなんて何もない・初期投資もできない こんな風にタイトルは動画の入り口ですから、クリックしてもらうために次のような要素を入れることが大切です。

クリックされるタイトルの要素

- 簡便性
- 具体性
- 限定性
- 権威性
- 情報の鮮度
- 疑問系のタイトル
- 動画のベネフィット

4 メタデータを整える

「**ユーチューブは動画をタイトルとその概要欄から判断している**」。これは、筆者が以前ユーチューブの公式パートナーマネージャーから受けたアドバイスです。タイトルや概要欄などの、1

動画を表すデータのことを「**メタデータ**」と呼びます。

それだけですべてが評価されるわけではありませんが、キーワードとメタデータが最重要事項であるということに変わりはありません。

動画のメタデータ
- **タイトル**
- **サムネイル**
- **動画の概要欄**
- **動画のタグ**

タイトルについては前に解説しているので割愛しますが、サムネイルや概要欄・タグなどもその動画の入り口として大事なメタデータになります。

タグとサムネイルについては103ページと106ページで後述しますが、動画の概要欄はその動画の説明文に当たり、非常に重要です。動画のテーマ

「副業」を狙った動画の概要欄

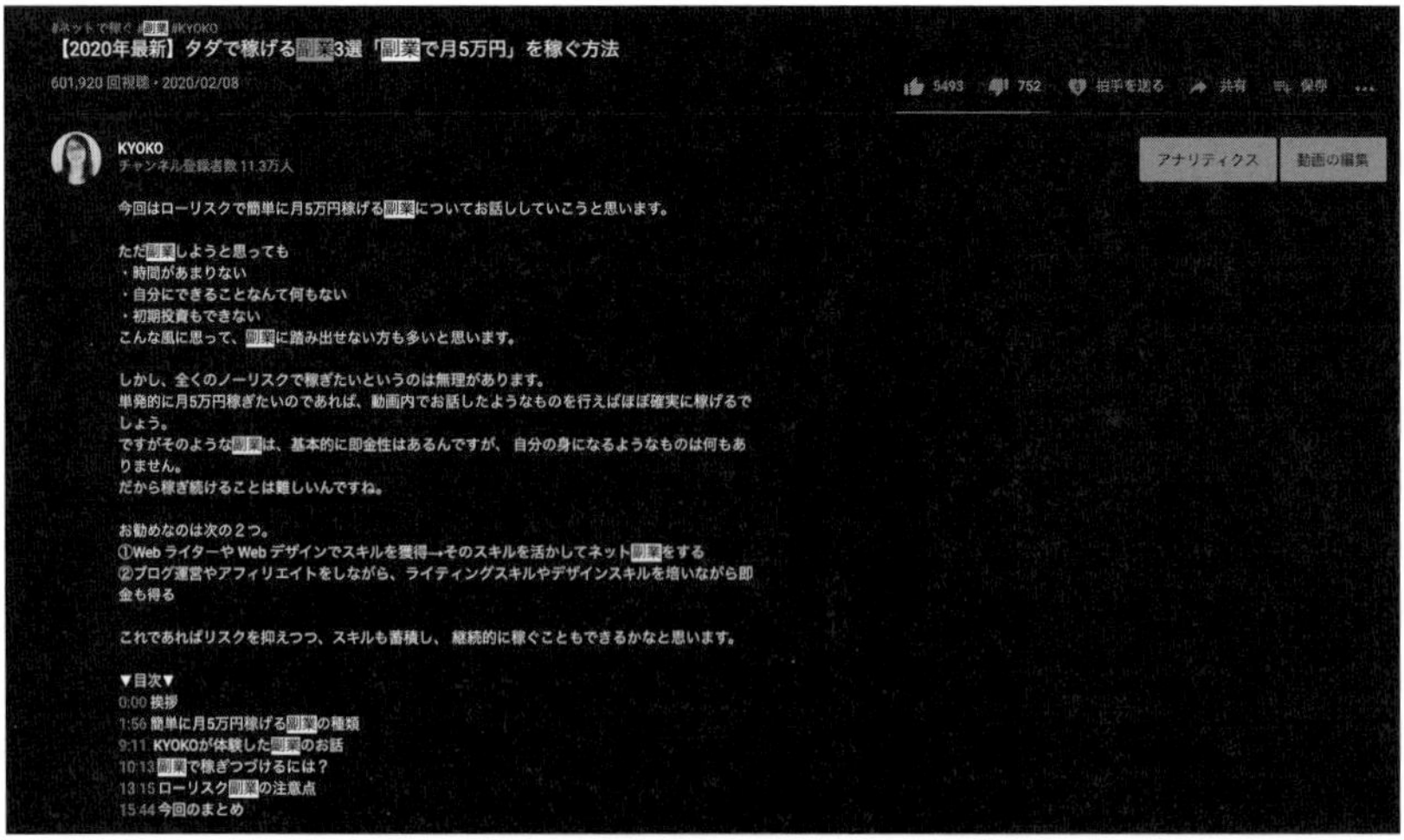

（キーワード）に対して整合性のとれた内容なのかをテキストで説明しなくてはいけません。概要欄に入れるべき要素は次の通りです。

概要欄に入れるべき要素

- **動画の内容をキーワードを使いつつ、わかりやすく説明**
- **動画の目次**
- **その他のリンク**

概要欄は5000文字まで書くことができます。まず、動画の内容を目標キーワードや関連キーワードを含めつつ、簡潔に説明していきましょう。その際に、重要なキーワードは最初の方に入れることが大切です。ユーチューブはこのエリアのテキストを読み取りながら「どんなキーワードが含まれているか？」で大枠を把握します。

5 目次を設定する

ユーチューブの概要欄には、チャプターを指定して**目次**をつけることができます。目次を設定することで、視聴ユーザーは見たいところから再生することもできますし、指定箇所に戻って見直すこともできます。

● 検索結果上の目次の見え方

● 画像チャプターの表示

● 目次の表記方法

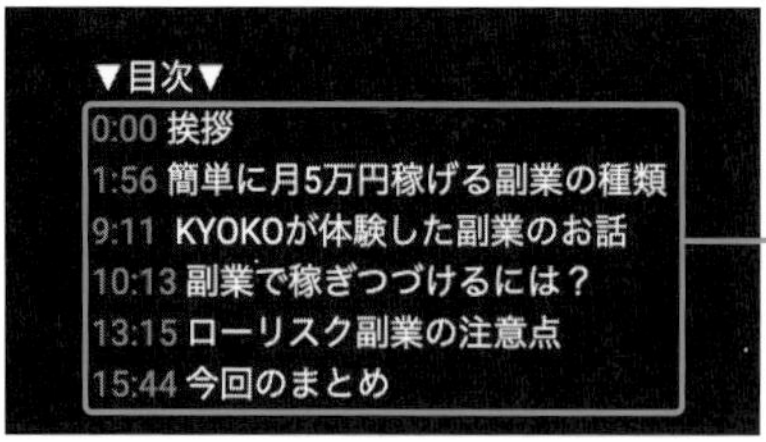

指定のタイムスタンプを入れてチャプター名を記載する

目次をつけることによって、グーグルの検索結果に表示された際の大きさも違います。目次があると表示スペースが大きくなるのがわかるはずです（前ページの図）。

しっかりと目次設定をすることで「追加情報」として目次が折りたたまれて表示されることもあります。

最近ではタイムスタンプ（目次の時間指定のこと）の箇所を、画像でチャプター表示しているケースも見かけますね。

目次の付け方は簡単で、概要欄に指定のタイムスタンプ（目次の時間指定のこと）を入れて、チャプター名を記載するだけです。このとき、タイムスタンプは半角英数字で記入します。

さらにチャプター名には動画のテーマキーワードや関連キーワードを入れることで、そのテーマ性を補強することができます。

ここがポイント

- 需要のあるキーワードを動画のテーマとして採用する
- キーワードから検索意図を導き出し内容に活かす
- メタデータ（タイトル・概要欄・サムネイル・タグ）でキーワード対策をする

03 関連動画に載るための施策

1 おすすめに載るにはエンゲージメントと関連性が大事

検索対策は比較的テクニカルな内容でした。前述したようにユーチューブの流入経路で圧倒的割合を占めるのは「**おすすめ**」「**関連動画**」からです。ここではおすすめ、関連動画対策を解説します。

おすすめと関連動画に表示される動画は、次のような内容のものです。

1. **ユーチューブホーム画面での「おすすめ」は視聴者の趣味嗜好に最適化されたもの**
2. **各動画の「関連動画枠」は情報の関連性とユーザーの視聴傾向に合わせたもの**

1への対策は、自分のチャンネルを視聴するユーザーが他にどんな動画を好んで見るのかを推測しなくてはいけません。

2への対策については、各動画のユーザー満足度と他の動画との関連度合いに配慮する必要があります。

ユーチューブは、おすすめや関連動画によって、プラットフォーム内でよりたくさんの動画を、より長い時間視聴してほしいわけです。そう考えると、ホーム画面のおすすめに載るのも、関連動画枠に表示させるのも、まずは「いい動画を作る」のが大前提となりますね。低品質な動画をおすすめや関連動画に出して視聴ユーザーを離脱させてしまったら、ユーチューブの利用そのものが減少してしまうからです。

ユーザー満足度はどのようにして計測しているのでしょうか。それが各動画の**エンゲージメント**になります。動画のエンゲージメントは次の要素で計測しています。

エンゲージメントとは

- **再生回数**
- **視聴維持率**
- **評価ボタン**
- **コメント数**
- **共有数**
- **チャンネル登録**

これらの数値が高い動画を「クオリティの高い動画」と位置づけています。

そして、同時に意識しなくてはいけないのが、動画の**関連性**です。関連性は「自チャンネルの動画」と「他チャンネルの動画」の両方を考えなくてはいけません。

下の写真は、筆者のチャンネルのある動画を再生すると、関連枠に出てくるすべての動画が「筆者の動画」である例です。このように関連動画に自分の動画が表示されるようになると、チャンネル内の動画をループして見てもらえるようになるので、チャンネル全体の再生回数が上昇していきます。

他のチャンネルの動画に関連性が高い場合は、その動画の関連枠に表示されることもあります（次ページの図）。「それでは、再生回数の高い動画のテーマを真似た動画を作れば、関連枠に載るのでは」と思うかもしれません。しかし、こちらはそうとも言えません。

● 自チャンネルの動画同士が関連性の高い状態

なぜなら、関連枠に表示される動画は、単純にテーマが近いというだけでなく、ある程度動画のレベルも同等のものが関連付いている傾向があります。

10万回再生の動画が100万回再生の動画の関連に載るのは難しく、同じく10万〜20万回などの同レベルの動画の関連に載り、よく見られれば再生数は増えて1段レベルの高い動画の関連枠に載る……といった感じで成長していきます。

関連性の評価基準

- **テーマ（キーワードの一致）**
- **サムネイルの類似性**
- **使用タグの類似性**
- **再生数の類似性**
- **過去の視聴履歴**
- **各動画の遷移情報**

どのような場合でも、関連動画枠の動画同士にこの

● 他チャンネルの動画の関連枠に表示

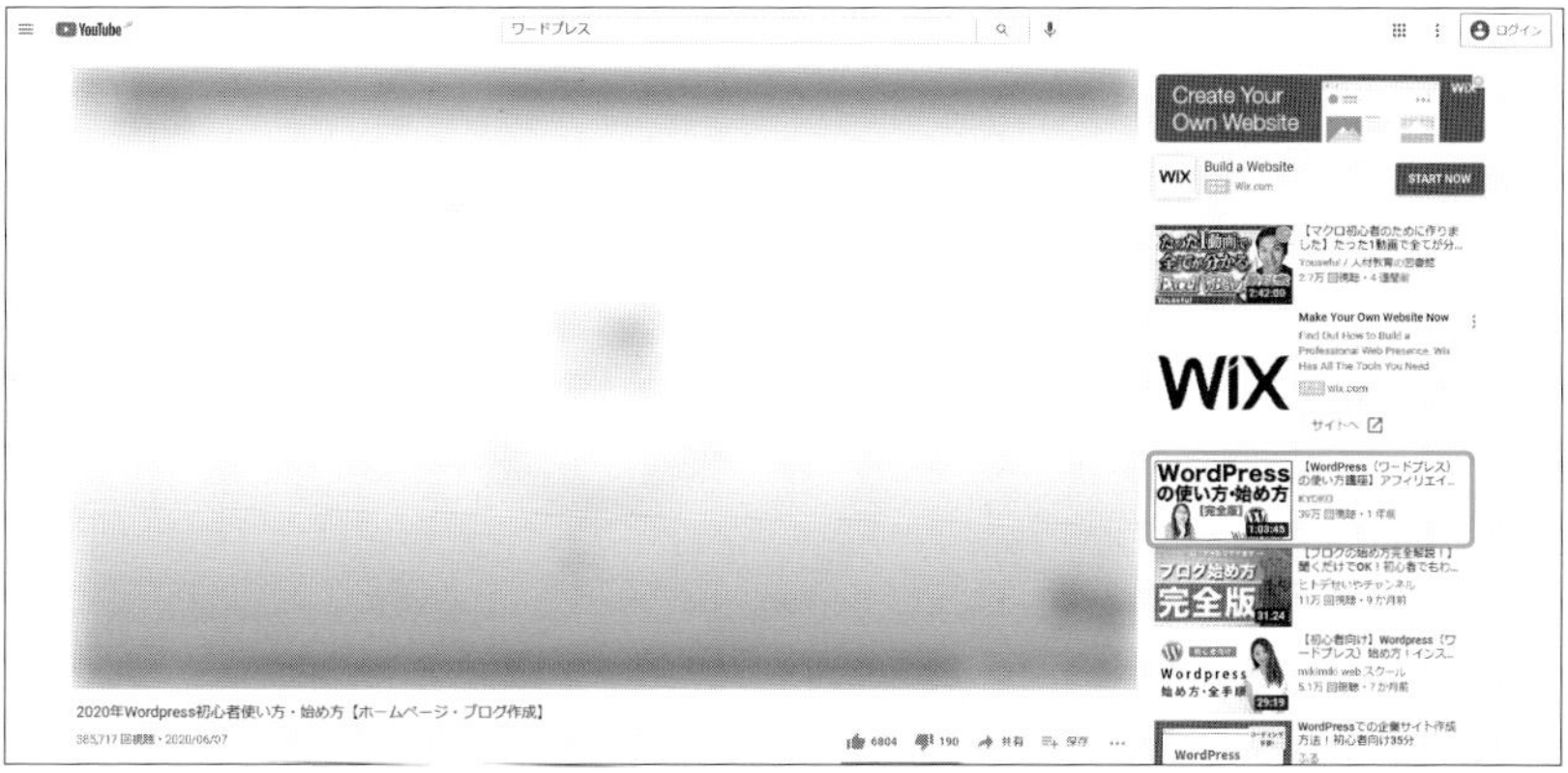

ような共通点があるはずです。

そして、あまり知られていないのは「**各動画の遷移情報**」です。動画の終了画面や概要欄から貼られた別の動画のＵＲＬ、これらを介してユーザーが移動することによって、ユーチューブは関連性を測っているとも言われていますね。

2 その後の伸びは初動にかかっている？

「**初動のエンゲージメントが高い動画は、そうでないものに比べてその後の伸びが大きい**」

このような話をよく聞きます。実際にユーチューブを含めＳＮＳ全般の傾向として、初動の盛り上がりが大きいものほど、その後もスケールしやすいといえます。公開後すぐに反応が大きい動画に関しては、拡散されたりユーチューブからレコメンドされやすいなど、さらに大きくエンゲージメントを伸ばしていきます。そして、時間の経過とともに露出も少なくなり、緩やかにエンゲージメントを下げていきます（次ページ上図）。

もちろん初動がすべてとは言いませんが、初動の動きが大きい動画はおおむねこのような広がりを見せることを考えれば、ＳＮＳにおいて初動がいかに大切かは理解できるでしょう。ユーチューブ動画はツイッターやインスタグラムの投稿と違って、コンテンツの寿命が長いストック型です。関連動画枠に掲載されれば、過去の動画も継続的に再生されるからです。

事実として、筆者のチャンネル内でも大きく再生回数を伸ばした動画は、初動が他のものに比

SNS全般の効果の広がり方イメージ

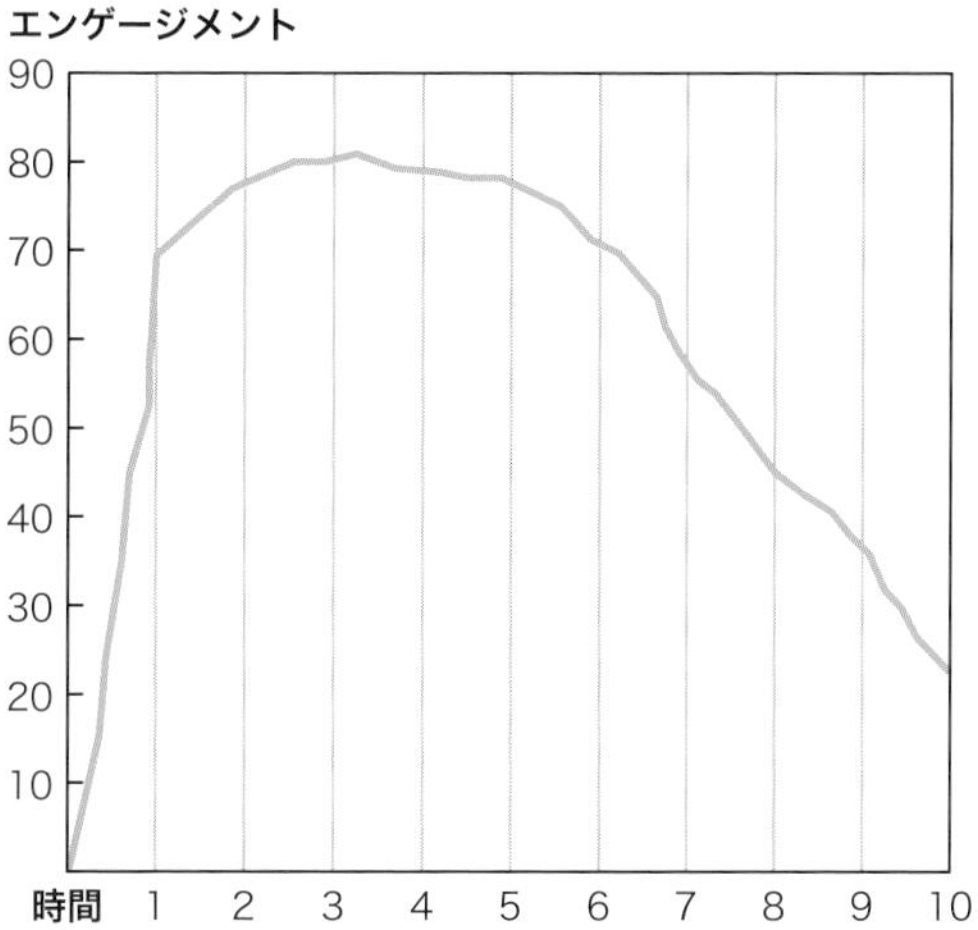

YouTube Studioで初動のデータを見る

べると良好のものがほとんどでした。

動画の再生数が多いかは、**YouTube Studio**で確認できます（前ページの下図）。再生数が高い動画は「10本中1位」といった感じで表示されます。この順位はアップロードして30分後から公開されるので、初動の目安として参考になるでしょう。

「視聴維持率」が関連動画経由の流入に大きく影響する

エンゲージメントの中でも、**視聴維持率**は特に重要視される傾向があります。

動画公開後にどれほど再生されるかは、関連動画からの流入で明暗を分けるわけですが、それに大きく関わっているのが視聴維持率です。

筆者の動画の中でも「**10分から15分の動画で視聴維持率が40％以上のものは、関連動画からの流入が大きかった**」というデータが取れています。

動画の尺が長くなればなるほど視聴維持率は低くなりますが、おおよその目安としては次の数字を目指すべきです。

- **5分〜10分の動画　視聴維持率50％以上**
- **10分〜15分の動画　視聴維持率40％以上**
- **15分〜20分の動画　視聴維持率30％以上**

視聴維持率を高めるためには、動画の内容に気を配らなくてはいけません。次のような動画では、早い段階で動画視聴をやめられてしまいます。

- **動画の中身が面白くない**
- **映像や音声の質が悪い**
- **つまらない前置きが長い**
- **サムネイルやタイトルと内容が違う**

この動画を見るメリットなどを提示しつつ、最後まで見てもらえるように声掛けするのも有効です。

YouTube Studioで視聴維持率の確認

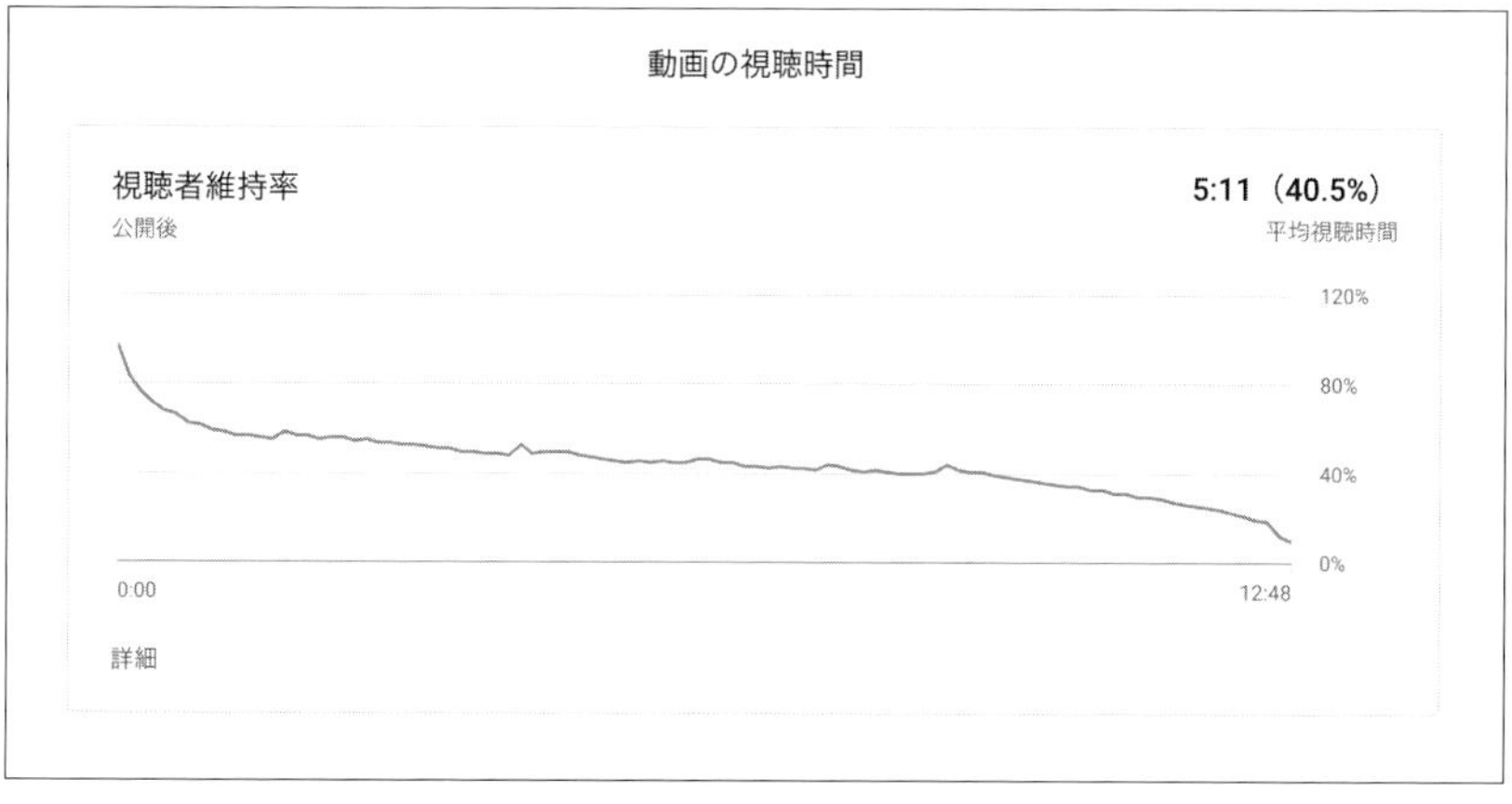
動画の視聴時間
視聴者維持率
公開後
5:11（40.5%）
平均視聴時間
120%
80%
40%
0%
0:00
12:48
詳細

3 まずは既存のチャンネル登録者を満足させる

ユーチューブでは、動画をアップロードした直後に、まずチャンネル登録者の目に触れることになります。その反応が良ければ、おすすめや関連枠などに表示されるようになり、さらに数字を伸ばせるのですね。そのため、まずは既存のチャンネル登録者を満足させることを念頭に、動画を作成しなくてはいけません。チャンネルの専門性を保ちつつ、継続的に動画を投稿することが好ましいのです。

あまりにもこれまでと外れた内容の動画を投稿すると、チャンネル登録者の評価を獲得することができません。結果、その動画も伸びないという結果になってしまいますからね。

筆者のチャンネルも、最初は「ペラサイト」というとてもニッチな市場のアフィリエイト

● Youtube の流入経路の確認

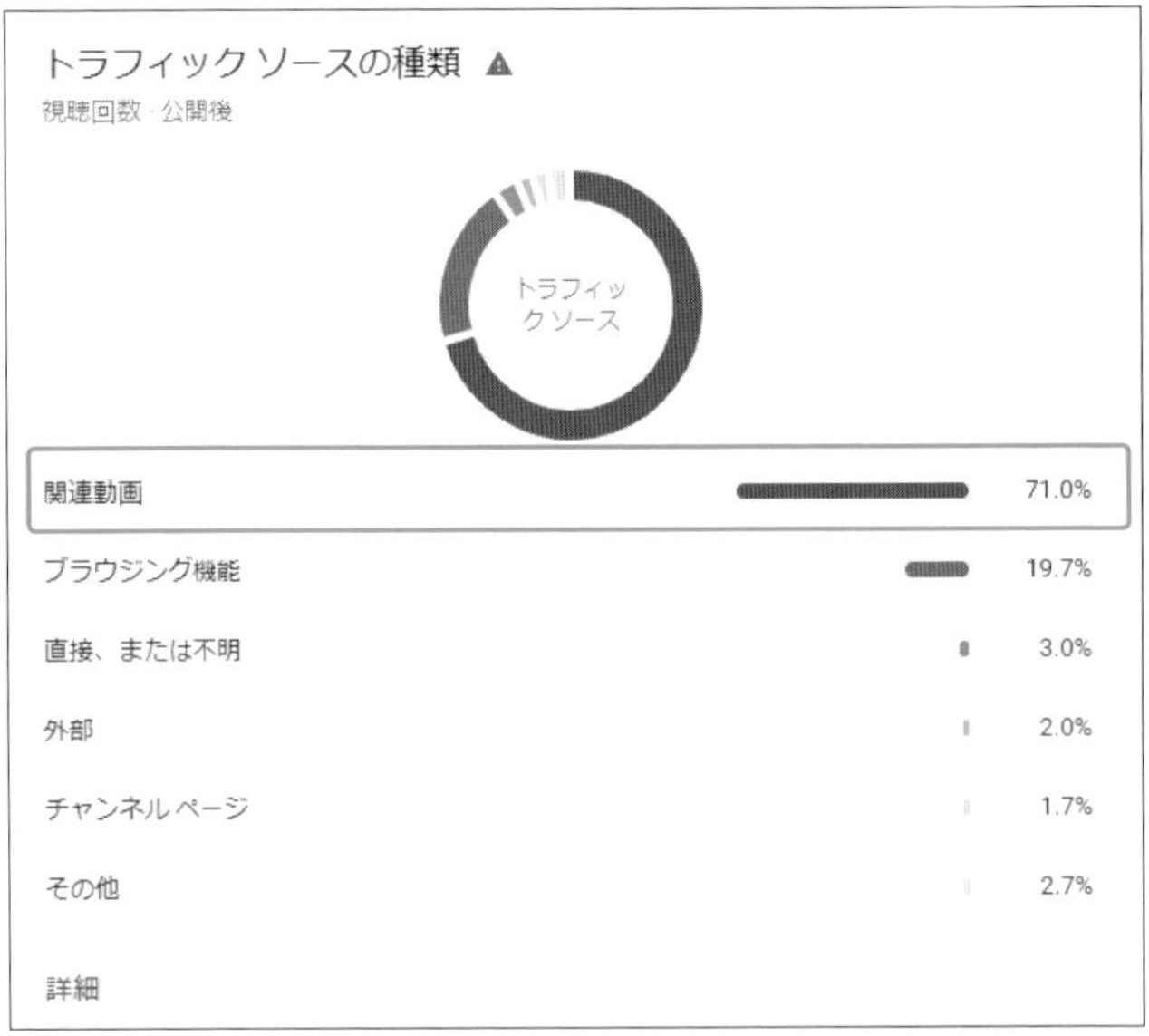
トラフィック ソースの種類
視聴回数・公開後
トラフィック ソース
関連動画 71.0%
ブラウジング機能 19.7%
直接、または不明 3.0%
外部 2.0%
チャンネル ページ 1.7%
その他 2.7%
詳細

手法のテーマのみを扱うチャンネルでした。当時のチャンネル登録者が見たい・満足する動画の内容といえば、もちろんペラサイトに関するコンテンツなのです。その状態で、ときおりビジネスに関するマインド系の動画を投稿すると、ことごとく反応が悪かったことを覚えています。

「自分のチャンネルの登録者はどんなコンテンツに喜ぶのか」。まずはここを一番最初に考えなくてはいけませんね。

チャンネルの専門性やチャンネルテーマの変更については、114ページで後述します。

4 サムネイルの類似性

関連動画枠に載るためには、**サムネイルの類似性**（**サムネイルトレース**）も大切です。

執筆時点である2020年10月現在では、以前ほどサムネイルトレースの重要性は高くなくなったと感じていますが、それでもやはり0ではありません。

獄激辛ペヤングをテーマにした動画では「赤い背景で被写体の口が半開き」と言う共通点がありますね。ほかにもいろいろありますが、ある動画の関連枠にはそれぞれ共通点が見つかることが多いです。

サムネイルトレースの例

- **全体的に白い背景が多い**

赤文字のサムネイルばかり　共通する文言がサムネイルに記載

関連枠に載るための施策には、サムネイルの類似性を意識することも重要です。「この動画の関連枠に載りたい！」と思ったなら、すでに関連枠に表示されている動画のサムネイルやタイトルなどをよく観察してみましょう（下図）。共通点が見つけられたのなら自分の動画にも取り入れてみるべきです。１００％の確率で関連に載るとは言えませんが、複雑なアルゴリズムの重要な一要素であることを考えると、やらないという選択肢はないでしょう。

さらに、自チャンネル内のサムネイルの雰囲気も統一した方がいい場合があります。それによって「自分のチャンネルの関連動画枠に自分の動画が並べられる可能性」が

● サムネイルの類似性を表す YouTube の検索結果

高まるからです。

筆者のチャンネルは、全体的に緑を基調としています。関連枠に出ている、筆者の他の動画のサムネイルも緑色のものが多い傾向にあります（下図）。

他にも、筆者のチャンネルでは黄色の文字をよく使います。もちろん使っていない動画もあるのですが、表示されているのは黄色文字のものばかりです。

「自チャンネルでサムネイルデザインの大枠を統一しつつ、他の動画の関連に載りたい場合は微調整する」。このように運営していくと、自分のチャンネル向け対策と、他の動画向け対策両方ができるのではないでしょうか。

5 タグを最適化しよう

ユーチューブには、次の2つのタグが存在します。

1. ハッシュタグ
2. ユーチューブタグ

● 自チャンネルの関連動画枠動画の類似性

ハッシュタグは動画を投稿者がアップロードする際に概要欄に記述することで、動画の直下に青字で表示されます（次ページの上図）。ハッシュタグには、動画のテーマキーワードや、チャンネル名などを設定しましょう。ハッシュタグは3つが上限です。

ハッシュタグはリンクになっており、クリックすると同じタグを付けている動画、もしくは強く関連する動画が一覧で表示されます。ハッシュタグのリンクから視聴者が遷移すれば関連性を認識するでしょうから、動画とタグが紐付く可能性が高まります。

ユーチューブタグは、表面では見えません。動画投稿時の詳細設定でタグ設定を行います（次ページの下図）。ユーチューブは動画をアップロードすると「その動画の内容がどのようなものなのか」をデータ解析します。タイトルや概要欄のテキスト、さらに動画内の会話の内容であったりするわけですが、その中の1つの要素にユーチューブタグがあります。

ユーチューブタグには、その動画に関連するビッグキーワード・ミドルキーワード・スモールキーワードの他、チャンネルキーワードや同ジャンルの類似チャンネル名を設定します。なお、スパム的に何十個もタグを設定するのはおすすめしません。

タグの効力についてはさまざまな意見があります。正直なところ、筆者は気休め程度だと思っています。以前、ユーチューブの公式パートナーマネージャーとお話しした際も「やらないよりやった方がいい程度」とのことでした。

ハッシュタグの表示

ユーチューブタグの設定画面

ここがポイント

- 関連動画でも「いい動画を作る」ことが大前提
- 他動画との類似性を意識する
- 動画アップロード時の初動を大切にする
- 既存のチャンネル登録者の満足度が高い動画は関連に載りやすい

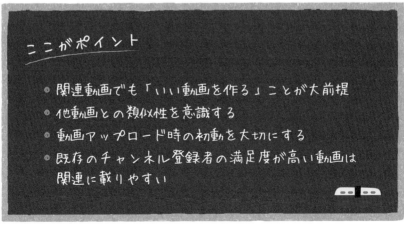

04 クリックされる動画から見られる動画へ

1 サムネイルが悪いとすべてが終わる

ユーチューブの中でもっとも重要な要素、それは意外にも**サムネイル**です。

サムネイルは、動画から自動に抽出された数カ所から選ぶこともできますが、自分でカスタムサムネイルを作成することができます。できれば自分でカスタムサムネイルを作りましょう。

視聴者は、ホーム画面でもユーチューブ検索でも関連動画を見ても、数ある動画の中からサムネイルを見て視聴するかどうかを決めています。

グーグル検索と違い、ユーチューブはおすすめされた動画を見ることが多い、受動的なプラットフォームなのです。だからこそ、サムネイルにライバル動画と差別化されたアピール力がなければ、どんなに内容が良くても見られることはないのです。

クリックされなければ動画は見られませんし、動画が見られなければおすすめや関連にも載らず失敗作として埋もれていきます。

クリックされるサムネイルとはどんなものなのでしょうか。次の3つを意識しましょう。

①パッと見で動画の内容がわかる

情報が詰め込まれ過ぎているサムネイルは、動画の内容がわかりにくい印象を受けます。スマホでスクロールしてもパッと見て直感的に内容がわかるようなサムネイルにしましょう。

- メインキーワードを使う
- ベネフィット訴求
- 疑問の投げかけ

このような要素どれか1つだけサムネイルに入れていくと、クリックされやすいです。下図は筆者の動画のサムネイルの例ですが、このサムネイルだと流れてきても「確実に稼げる」という文字

● わかりやすいサムネイルの例

が大きく強調されていて、気になる人はクリックしてしまいますよね。

②文字が大きい

文字が大きいことも大切です。ユーチューブはスマホから見る人が多いのです。スマホの小さな画面で見たとき、サムネイルの文字が小さいと読めません。

一番伝えたい単語をデカデカと載せて、それに加えて被写体だけでも十分だと思います。最近では、ゴテゴテしたサムネイルよりもシンプルなものが流行っている傾向があります。

③同テーマの中で目立つ

類似動画の中で目立つかどうかも重要です。類似動画の中で、あまりにもサムネイルの方向性が異なると、類似性が低くなってしまう恐れもあります。関連動画に掲載されることに軸足を置きつつ、いかに差別化できるかを考えましょう。

- **背景の色は他のものと合わせるけど、テキストの色はあえて外す**
- **テキストの文言は寄せるけど背景色はあえて外す**

このような工夫が必要です。

たくさんの動画が立ち並ぶ中で、自分の動画に目を止めてもらうにはどうしたらよいのか考えたときに、類似性にこだわるあまり他者の動画とまったく一緒のサムネイルを作る人もいますが、それだと埋没してしまいます。

他にも、被写体にインパクトを持たせることによってクリック率が上昇します。

2 タイトルのキャッチコピーを魅力的にしよう！

サムネイルを見た後、次に視聴者が確認するのが**タイトル**です。サムネイルとタイトル、この2つを瞬時に確認して「その動画を見るかどうか」決めるのです。サムネイルがいかに目を引くものだとしても、次にタイトルを確認して「なんか違うな……」と思えば見るのをやめてしまいます。

どのようにタイトルをつければいいのか、次のポイントを押さえてタイトルを作成してみましょう。

①目標キーワードをタイトルに含める

チャンネル登録者数が少ない段階でアップロードした動画は、関連動画やおすすめになかなか載りません。たくさんのチャンネル登録者を満足させて、エンゲージメントを得ることができないからですね。

実績を作るために、まずは視聴してもらわなくてはいけないので、ユーチューブ検索経由で動画を露出する必要があります。

そこで必要なのが、目標キーワードをタイトルに含めるということです。例えば「副業　おすすめ」というキーワードで露出したいなら、タイトルは「副業」「おすすめ」の両キーワードを含めた、次のように設定しましょう。

「【月5万円稼げる】おすすめの副業5選」

②動画の内容をわかりやすく簡潔に

タイトルを見て、内容がすぐに想像できるものにしましょう。例えば先ほどと同じ「おすすめの副業」を紹介する動画なのに、次のタイトルだったらどうでしょうか。

「いろいろ働いてみたけどお金が稼げなかったので別の働き方を試してみる動画」

これでは内容が想定できず、再生する気にもならないはずです。

- 結局どんなことを伝えたいのか？
- この動画を見たらどんないいことがあるのか？

これらが明白でないと、動画を見てもらえません。

③心揺さぶるフレーズを入れる

タイトルには、次のような魅力的な要素を入れることを意識してください。

1. 権威性
2. 簡便性
3. 信憑性
4. 具体性
5. ベネフィット

短いタイトルの中にすべての要素を盛り込むことは無理だとしても、1つ2つを常に盛り込むことはできるはずです。例えば次のようなタイトルはどうでしょう。

50個の副業を試した私が語る98%成功するおすすめの副業5選「タダでできる」

50個も副業を試しているのであれば権威性があり、内容に信憑性も持たせられますよね。「98%

成功する」や「5選」といった数字を使うことによって、具体性やベネフィットも訴求できています。「タダでできる」は簡便性も感じ取れます。

あくまでも例なので、ここまでゴテゴテしたタイトルをつける必要はないかもしれませんが、意識して魅力的な要素を含めてみましょう。

④記号を使う

ユーチューブのタイトルに記号を使うことで、クリック率を高めることができます。これはサイトやブログの記事でも同じですが、【】や「」、[]を使うことによってクリック率が38％上昇するというデータがあります。

強調したい部分や補足事項などを文頭や文末に記号を使いつつ表現することで、わかりやすさが増しますし、見栄え的にも整って見えます。

3 内容が伴わなかったら逆に評価が下がる

ここまでの解説を読むと「モリモリのタイトルをつけてクリックさえされればいいんだ！」と誤解されそうですが、その理解は誤りです。クリックしてもらうことだけを目的としたモリモリのタイトルを「**釣りタイトル**」と言ったりしますが、確かに釣りタイトルをつけて動画再生してもらうことはできるかもしれません。

しかし、動画の内容が伴わなかった場合、視聴者はどう感じるでしょうか。すぐにその動画を見ることを止め、別の動画を探しに行くでしょう。

そして、そのユーザー行動は、**動画の評価に大きく影響を及ぼします**。

ユーチューブ動画の流入経路で大きな割合を占める関連動画への表示は、動画の視聴維持率が大きく影響します。タイトルと中身が伴わなかった場合、この視聴維持率がとても低くなってしまうのですね。そうなると動画の露出が減少し、評価ボタンは押されなくなり、コメントもされず、シェアもされなくなります。

「サムネイル」と「タイトル」と「内容」の整合性が取れていて初めてスタートラインに立てると言っても過言ではありません。

ここがポイント

- YouTubeではサムネイルが命。パッと見て興味の湧くインパクトのあるものが好ましい
- タイトルもクリック率を左右する
- サムネイル・タイトル・内容の整合性がないと視聴維持率が下がりマイナス評価になる

05 チャンネルを強くするためには専門性を意識せよ

1 なぜ専門性が重要なのか

視聴者の立場で、ユーチューブを視聴してチャンネル登録をするとき、ほとんどの人はそのチャンネルの動画を複数本視聴して「このチャンネル面白そう」「他の動画も見てみたい」こんな気持ちで登録しているはずです。

理想的なのは、自分のチャンネルを登録してもらいファンになってもらって、過去動画からこれから公開する動画まで、定期的に視聴してもらうことです。そのようなファンを増やしてチャンネルを強くする場合、**チャンネルの専門性**は非常に重要です。

チャンネルの専門性とは何でしょうか。例えば「釣り情報の専門チャンネル」や「メイク動画のチャンネル」などですね。筆者であれば「ネットを使って個人で稼ぐ」ということにフォーカスしたチャンネルになります。

特定のテーマでチャンネルを運営していると、チャンネルの権威性が高まり、内容の信憑性も高くなります。例えば、筆者のチャンネルを登録した人は、主に自宅でインターネットを使ってお金を稼ぐ方法が知りたいユーザー属性です。筆者のチャンネルにはそれに付随するテーマ以外の動画はないので、登録者にとってのメリットは大きいはずです。

ではこの専門性が薄かったらどうなるのでしょうか。

「ネットを使って個人で稼ぐ」テーマの筆者のチャンネルに「メイクの方法」の動画や「魚釣りの方法」の動画が混在していたらどうでしょう。これでは、そのチャンネルを視聴する理由が不明瞭になってしまいます。チャンネル登録をするということは「継続的にその運営者の動画が見たい」ということです。エンタメ系のように、運営者自身が個性的で視聴者を惹き付ける魅力があれば別ですが、テーマの絞られていないチャンネルでは、登録者を獲得しにくいことは間違いありません。

専門性が高いとおすすめ表示で有利に

さらに、**専門性を保つことで関連動画やおすすめでのクリック率が高まります。**

ユーチューブのホーム画面で表示される、おすすめや関連動画を表示するアルゴリズムの決定要素の1つに「**視聴履歴**」があります。過去に視聴したチャンネルの「まだ見ていない別の動画」がホーム画面や関連動画枠に出てきたことがあるはずです。専門性の高いチャンネルであれば、過去に視聴された動画のテーマと揃った別の動画が表示されるので、必然的にクリックされる確率が上がります。

もし専門性を欠いたチャンネルの場合、チャンネル内の「まだ見ていない別の動画」に、前回視聴した動画と違うテーマの動画が表示されるのです。

おすすめに表示しても再生されない動画であれば、ユーチューブとしても露出する意味はなくなります。インプレッション（露出）しにくくなるので、専門性の低いチャンネルはデメリットが大きいと言わざるを得ません。

2 チャンネルの設計方法

専門性を持たせたチャンネルを設計する方法を解説します。どのように収益化していくかにもよりますが、すべてに共通してチャンネル設計に必要なのは次の2つです。

1. チャンネルのペルソナを徹底分析するべき
2. 最初はニッチな領域の専門家を目指そう！

チャンネルのペルソナを徹底分析するべき

まず、自分のチャンネルで発信するテーマを明確にしなくてはいけません。その発信テーマは誰に向けての情報なのか、つまり**ペルソナ**を明らかにする必要があります。

ペルソナとは、わかりやすくいうと**ターゲットユーザー**のことです。ここをはっきりさせておくことで、発信テーマにブレが生じにくくチャンネルの一貫性や整合性がとれてきます。

ペルソナ設定の方法

ペルソナ設定のやり方に決定的な決まりはありません。筆者の場合、自社サービスの認知拡大や販促では、このようにペルソナ設定を行います。大まかにこのような流れでペルソナを明確化し、そのペルソナに刺さるコンテンツを算出します。

1. ゴールから逆算してニーズを持つペルソナを想定する
2. そのペルソナの背景情報（悩みや生活状況など）を想定する
3. ペルソナの気持ちになって、どのような情報があれば自社のゴールに近づくか考える
4. 必要なコンテンツをキーワードベースで算出する

ここで初心者が間違ってやりがちなのが「**複数のペルソナを設定してしまう**」ことです。

「AにもBにもCにもウケるコンテンツ」は、結局誰にも刺さらない無難なコンテンツということです。1人のペルソナのためにコンテンツを作ったとき、その人にとって深く刺さる内容で強いファンになるのです。1人が悩むことは100人が悩むことでもあるので、まずはあなたのコンテンツを必要としているであろう「たった1人」をイメージしてみてください。

最初はニッチな領域の専門家を目指そう！

チャンネル設計の際、最初は狭いテーマ（**ニッチ領域**）の専門家を目指すのをおすすめします。

例えば「ダイエット」というのは一般的で広いテーマですよね。うまくいけばチャンネル登録者数100万人規模で狙える市場です。

しかし、このテーマでチャンネルを作ろうと思えば、ライバルはうなるほどいるわけです。そのライバルは、コンテンツクオリティが高く、運営者のキャラクターや独創性も高いものだと想定されます。

元々ダイエット業界で有名な人がチャンネルを作るのであれば別ですが、まだ何の知名度もない状態でそこに挑むのは無謀すぎます。

筆者の場合も、今では「ネットで稼ぐ」「個人で稼ぐ」といった広義のテーマで発信していますが、ユーチューブを始めたばかりの頃はアフィリエイトの中でもさらに絞った「ペラサイト」という手法に特化して情報発信をしていました。「ペラサイトに関する情報なら何でも」とばかりに徹底的にコンテンツを取り揃え、小さな領域での権威性を身につけて、専門チャンネルとして運営していた過去があります。

チャンネルを強くするために必要な専門性ですが、テーマが広くなるほど情報量も膨大になります。「ダイエット」というテーマで網羅的にコンテンツを取り揃えるのが、どれだけ大変なことかは想像にたやすいはずです。

ニッチな領域の専門家になるための情報量は、広いテーマのそれよりも局所的であることがほとんどなので、ゼロベースの初心者であればニッチを狙う方が簡単に専門性を身につけることができるというわけです。

3 「再生リスト」はブログの「カテゴリー」と同じ

ユーチューブは継続的に更新していくことが重要ですが、継続していると必然的に各動画の分類ができてきます。

例えば「ダイエット」というテーマであれば、チャンネル内の動画には「脚やせ」「筋トレ」「有酸素運動」「食事管理」などの分類があるかもしれません。

チャンネル単位で専門性を意識して運営するのですが、その中にさらに「小さな専門領域」を作っていく、それが**「再生リスト」**の役割です。

ユーチューブの視聴者は類似動画を好んで再生する傾向にあるので、類似性のある動画をブログのカテゴリーのようにまとめておくことで、連続して再生される可能性が高まります。人気の動画は類似した動画を作成してシリーズ化し、再生リストとしてまとめることで複数の動画を見てもらうこともできますよね。

再生リストごとに個別URLで公開されるので、関連性のある動画の概要欄には再生リストの

ＵＲＬを記載することで、チャンネル内の滞在率向上も期待できます。

再生リスト自体がユーチューブ検索の結果に表示されたり、関連動画に表示されたりするのでおすすめです。

4 チャンネルの概要情報のカスタマイズ

どのようにチャンネルを運営していくのかが決定したら、**チャンネルの概要情報**をカスタマイズしていきましょう。

筆者が重要だと考える項目は次の３つです。

1. チャンネル名
2. チャンネル概要欄
3. チャンネルのタグ

YouTube Studioの「設定」「カスタマイズ」から編集できます（次ページの図）。

チャンネル名

チャンネル名は、著名人や知名度がある人でない場合は、そのチャンネルのテーマと関連性の

● チャンネル概要欄のカスタマイズ箇所

高いキーワードを入れるといいでしょう。なぜなら、チャンネル名は検索でもヒットするからです。

知名度が高い人であれば、チャンネル名を「自分の名前」にしても検索経由での流入があるかもしれません。そうでない場合は、少しでも検索需要のあるキーワードを含めるようにしましょう。

例えばダイエットをテーマにしたチャンネルであれば「痩せたい人のための情報発信チャンネル」などではなく「○○のヘルシーダイエットchannel」と言った方がいいでしょう。そうすることで「ダイエット」で検索した際にチャンネルが表示される可能性が高くなるためです。

チャンネル概要欄

チャンネルの概要欄は、各動画単位の概要欄と考え方は同じです。チャンネル全体のdescription（説明文）を概要欄に記載していきます。

- **どんなチャンネルなのか**
- **誰が運営しているのか**
- **何を伝えたいのか**
- **このチャンネルを見るメリット**

こういった内容を、チャンネルのテーマキーワードを使って説明していきます。

例えば、ダイエットのチャンネルであれば、次のようなキーワードを使いながら概要欄の文章を書いていくといいでしょう。

- **ダイエット**
- **筋トレ**
- **ダンス**
- **ストレッチ**
- **運動**
- **食事**

こうすることで「ダイエット」という軸となるテーマに付随した別の関連事項でも検索でヒットしやすくなります。

● チャンネル名・チャンネルタグの設定箇所

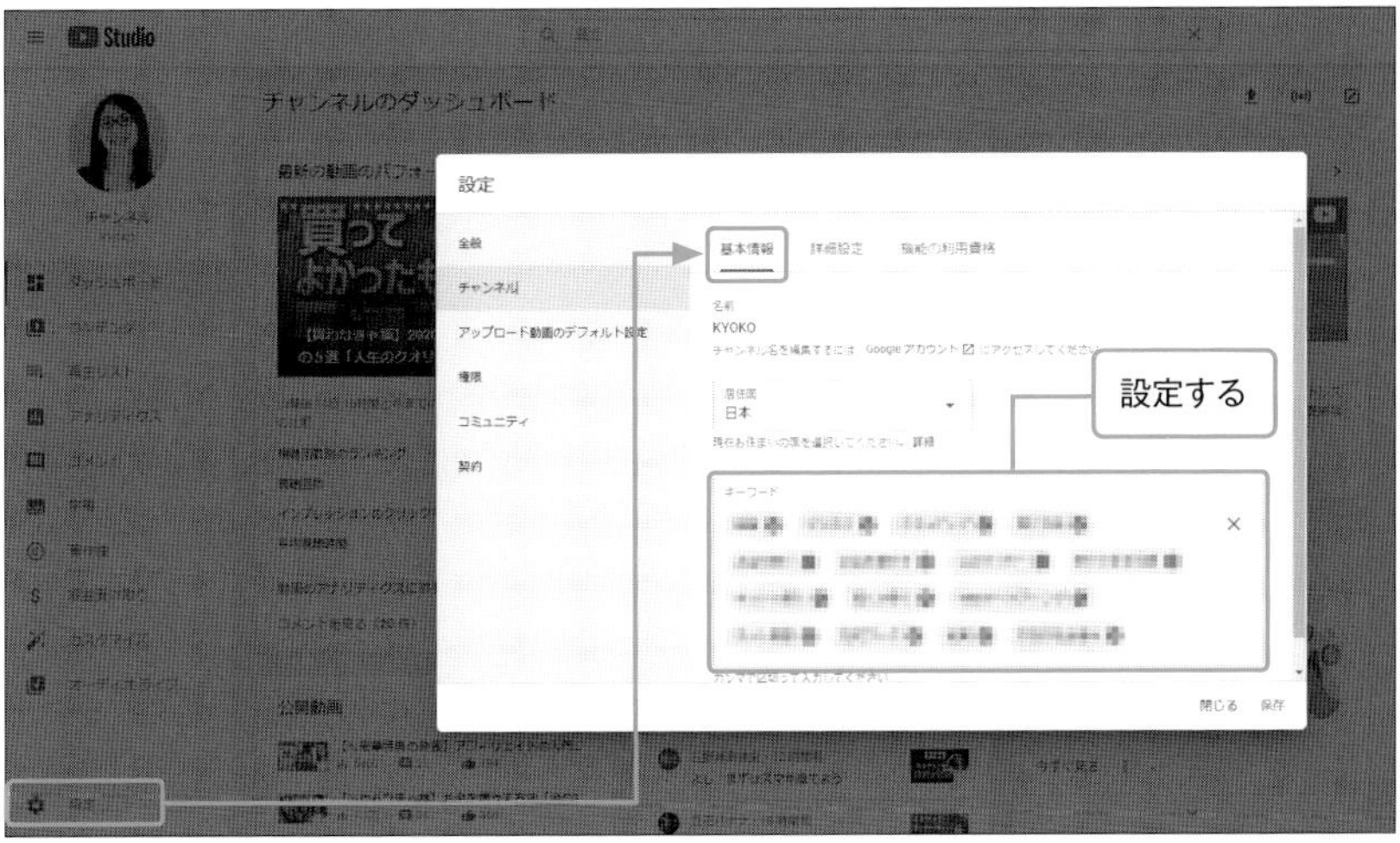

チャンネルのタグ

各動画のタグのほか、実はチャンネル全体のタグも存在します。これを設定することで、そのキーワードで検索された際にチャンネルが表示されやすくなります（前ページの図）。

チャンネルのタグは、チャンネルのテーマに沿った検索ボリュームのあるキーワードを設定するといいでしょう。半角カンマで区切ることで複数設定することができます。

専門性を高めるのはSEOの基本です。ユーチューブだけでなく、ブログやツイッターでも効果があります。

ここがポイント

- チャンネルの専門性を意識する
- ニッチな領域の専門チャンネルを目指そう
- 再生リストで視聴本数の向上も期待できる
- チャンネル概要欄を設定しよう

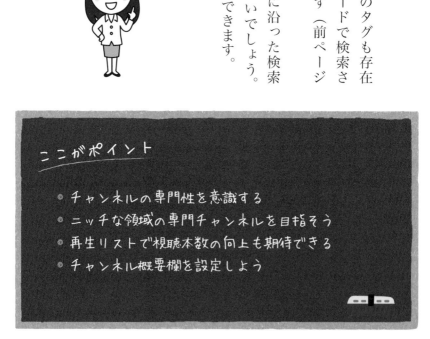

06 チャンネル登録者を増やすコツ

1 最初は「更新頻度」が大事

チャンネル登録者を増やす1つのコツとして「**更新頻度を一定にすること**」が挙げられます。

これはテレビ番組でも同じですが、その番組を見る習慣をつけるために、一定間隔の更新頻度が必要だからです。まだ広く認知されていない初心者であれば、自分の存在を知ってもらうために、なるべく高い更新頻度を一定に保ちたいところです。

よく質問を受けるのが「毎日更新するのがいいのか」といったものです。これは一概に何とも言えません。継続できるのであれば毎日更新した方がいいですが、ユーチューブは他のSNSに比べて投稿カロリーが非常に高い媒体です。毎日投稿を続けているインフルエンサーもいますが、並大抵のことではありません。

継続できず不定期になってしまうのであれば、最初から毎日更新するのではなく「一週間に2

本」「火曜日と土曜日」など継続できそうな更新頻度を定めて運営するのがいいと感じます。

もちろん、たくさん投稿できるに越したことはありません。できるのであれば投稿回数は多い方がいいです。「よく更新されているアクティブなチャンネルだな」とユーチューブや視聴者に受け止められれば、おすすめに載る可能性も高まるからです。

更新の一貫性

しかし、それよりもっと大切なのが**「更新の一貫性」**だと認識してください。

チャンネルの視聴習慣が視聴者にできてきたところで、突然更新頻度を変更した場合、ユーザー離れの原因になるからです。

筆者も、一定期間ユーチューブの更新を止めていたことがあります。そのように習慣化された投稿頻度を変えると、新たに動画を公開しても、再生回数が落ちるケースがほとんどです。以前の水準に戻すためには、そこから再び一貫性を持って淡々と動画を公開し続けなくてはいけません。

2 ペルソナの視聴時間帯はいつ？

効率よくチャンネル登録者を増やしていくためには、自分のチャンネルの視聴者、つまりペルソナがいつ動画を見ているのかを把握するのが大事です。

視聴されやすい曜日や時間は、YouTube Studioのアナリティクスから確認することができます（下図）。

筆者のチャンネルの場合、土日の遅い時間（20時以降）がよく見られています。筆者のチャンネルはビジネスチャンネルなので、ペルソナは日中本業で忙しいと推測でき、日中の時間帯はあまり視聴されていません。

子ども向けチャンネルなどであれば、日曜日の昼間の視聴率が上がるでしょう。料理系のチャンネルであれば、平日の方が伸びるかもしれません（土日は外食率が高いためです）。

自分のチャンネルのペルソナにマッチした時間帯に動画を投稿することは、関連動画に載るための施策である「初動を掴む」に関係してきます。初動で大きく反応があった動画は、おすすめや関連に出やすくなり、インプレッションを広げられます。必然的にチャンネル登録者を増やしやすくもなります。

● **視聴時間帯の確認画面**

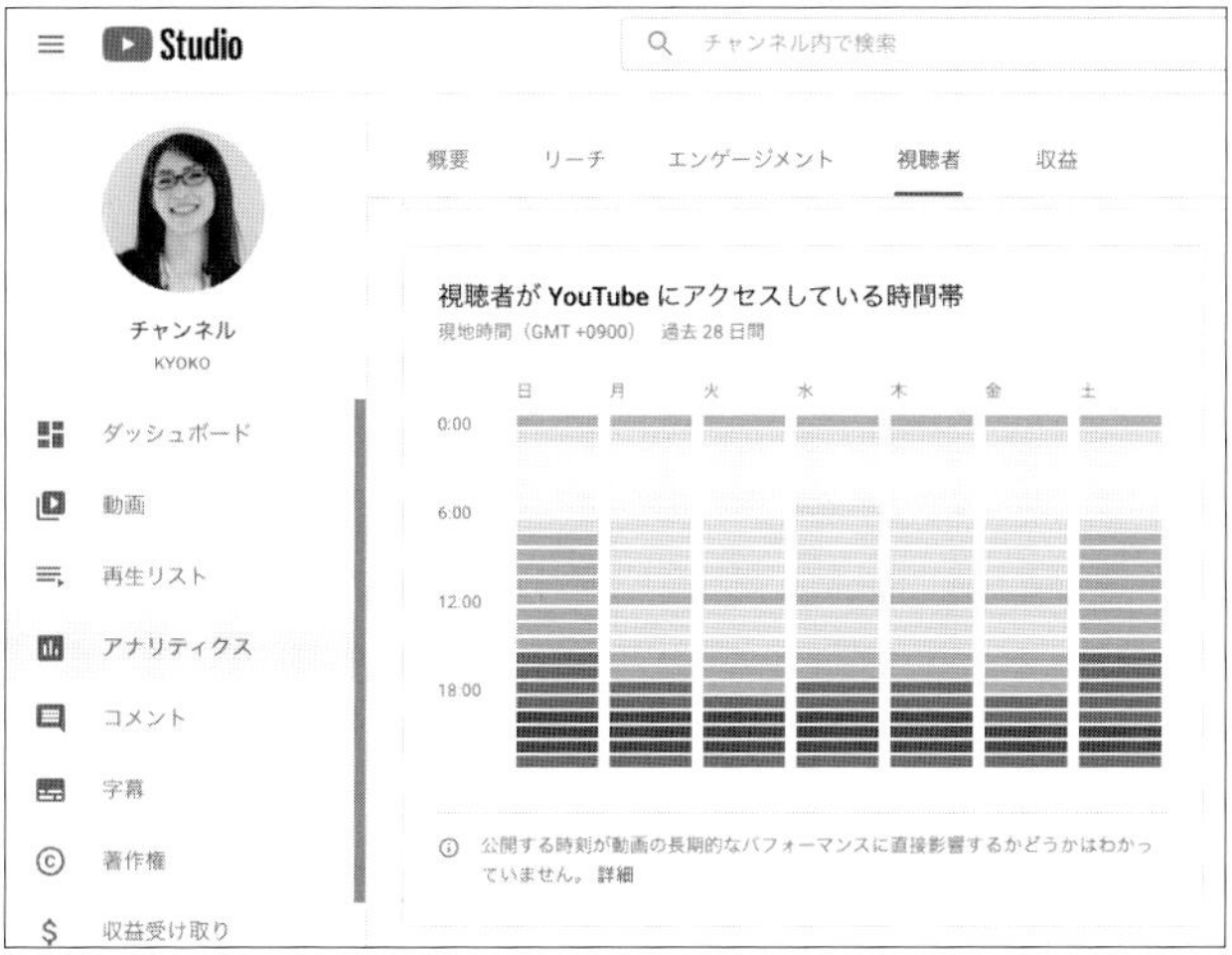

3 登録者が獲得できるコンテンツの種類

ユーチューブの動画には、次の3種類のコンテンツ分類があります。

1. HEROコンテンツ
2. HUBコンテンツ
3. HELPコンテンツ

この3つの頭文字を取って「**3H戦略**」とも呼ばれています。ではそれぞれどんなものなのか解説していきます。

HEROコンテンツ

HEROコンテンツは、万人が興味を持つような一般的な内容の動画のことです。どちらかと言うと「広く浅いテーマの内容」といったところでしょうか。

HUBコンテンツ

HUBコンテンツは、HEROコンテンツの逆で、チャンネルのコアなファンに刺さるマニアックな内容の動画です。

HELPコンテンツ

HELPコンテンツは、何かしらの悩みを解決するコンテンツの動画です。例えばhow to動画などがそうですね。

チャンネル登録者数増に影響するのはHUBコンテンツ

HEROコンテンツでチャンネルの存在を知り、HUBコンテンツでコアな情報を見てファンになって登録し、HELPコンテンツで「役立つなあ」と感じてリピートする（下図）。この3つは切っても切り離せない存在ではあるのですが、**チャンネル登録に直接的に影響するコンテンツと言えばHUBコンテンツ**になるでしょう。

再生数だけで言えば圧倒的にHEROコ

● HEROコンテンツ、HUBコンテンツ、HELPコンテンツの役割

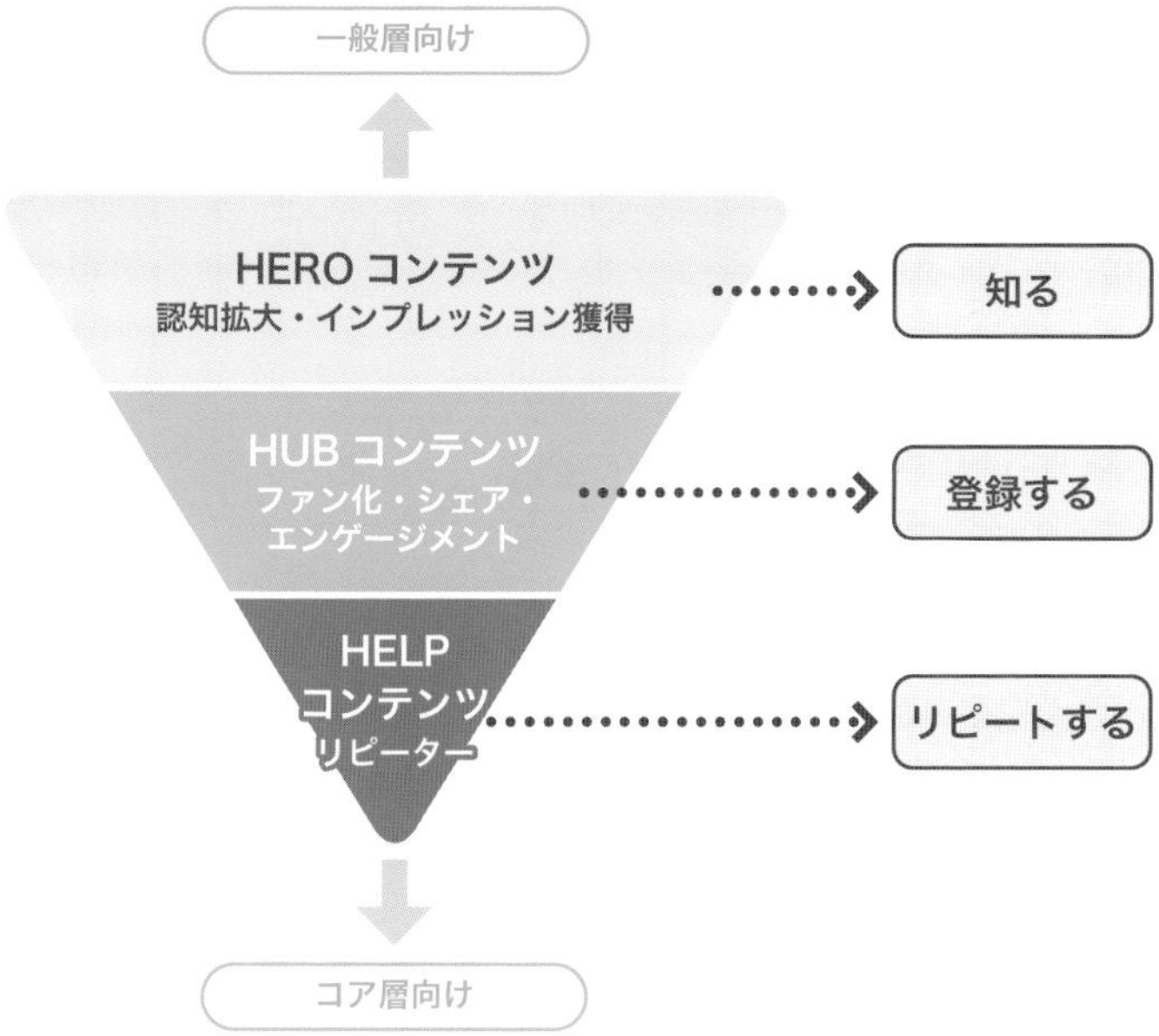
一般層向け
HEROコンテンツ
認知拡大・インプレッション獲得
知る
HUBコンテンツ
ファン化・シェア・エンゲージメント
登録する
HELP
コンテンツ
リピーター
リピートする
コア層向け

ンテンツです。

例えば、筆者のチャンネルでは「貧乏な人の特徴」や「成功する為に捨てるべきもの」といった、万人に共通する一般的な悩みをあつかったＨＥＲＯコンテンツがあります。一方「おすすめの副業」や「ネットで稼ぐ方法」などの動画は、ＨＥＲＯコンテンツよりも内容が絞られていますよね。こちらはコア層に響くＨＵＢコンテンツになります。

最後に、具体的な**ノウハウコンテンツ**があります。「ＷＥＢライティングの方法」や「キーワード選定のやり方」「サイトの作り方」などですね。これらは、恐らく登録者が何度も見て勉強しているのでしょう。

「どれか1つだけ」というわけにはいきませんが、ＨＥＲＯコンテンツで間口を広げ、ＨＵＢコンテンツでペルソナの心をガッチリキャッチしましょう。

4 チャンネルの成長段階での施策

チャンネル発足当初は、収益化を早めるためにも、ニッチな領域の専門家になることをおすすめしました。しかし、ずっとそのままで運営していては、チャンネルの成長は止まってしまいます。筆者は、ジャンルごとにある程度登録者の上限が決まっているように感じるのです。

例えば、万人が関心を持つ「ダイエット」をテーマにしたチャンネルであれば、登録者は１０0万人規模まで獲得可能だと思います。しかし「アフィリエイト」というテーマであれば、１万

〜2万人が関の山でしょう。「ブログ」なら5万人、「副業」なら10万人などといった具合で、これくらいが限界だと思います。

チャンネル登録者数をさらに獲得してユーチューブチャンネルを育てたいのであれば、ある段階で次のテーマに移行することをおすすめします。

筆者も次のようなテーマ変更を図り、現在に至ります。

1. ペラサイト
↓
2. アフィリエイト
↓
3. 副業・ネットで稼ぐ

現在の筆者のチャンネルをさらに拡大するのであれば「ビジネス」や「お金」といった、もっと広い分野の同系テーマへの移行が必要です。

テーマの移行は必ず「同系のテーマ」で

ここで間違えてほしくないのが、テーマを変える際はあくまで「**同系のテーマ**」で広げようということです。

「副業」のテーマで成長しきったからといって、突然「ダイエット」に発信テーマを切り替えるのはおすすめできません。まったく異系統のテーマで発信する場合は、別チャンネルを立ち上げた方がいいでしょう。

あくまでも「既存のチャンネル登録者が興味の持ちそうな、さらに広いテーマ」に限ります。注意してくださいね。

ちなみに、最初にテーマを広げるときは、再生数などがいったん落ちることがほとんどです。筆者の場合も「ペラサイト」や「アフィリエイト」のノウハウから「稼ぐためのマインド」など少し観点をズラしただけで、視聴者の反応が減少しました。既存のチャンネル登録者は「そんな動画は見たくない」と感じたのでしょう。

しかし、それも続けることで浸透していきます。少しずつ新しいテーマで専門性が高まってくると、今度は新しいテーマに興味のある視聴者のチャンネル登録が増えてきます。

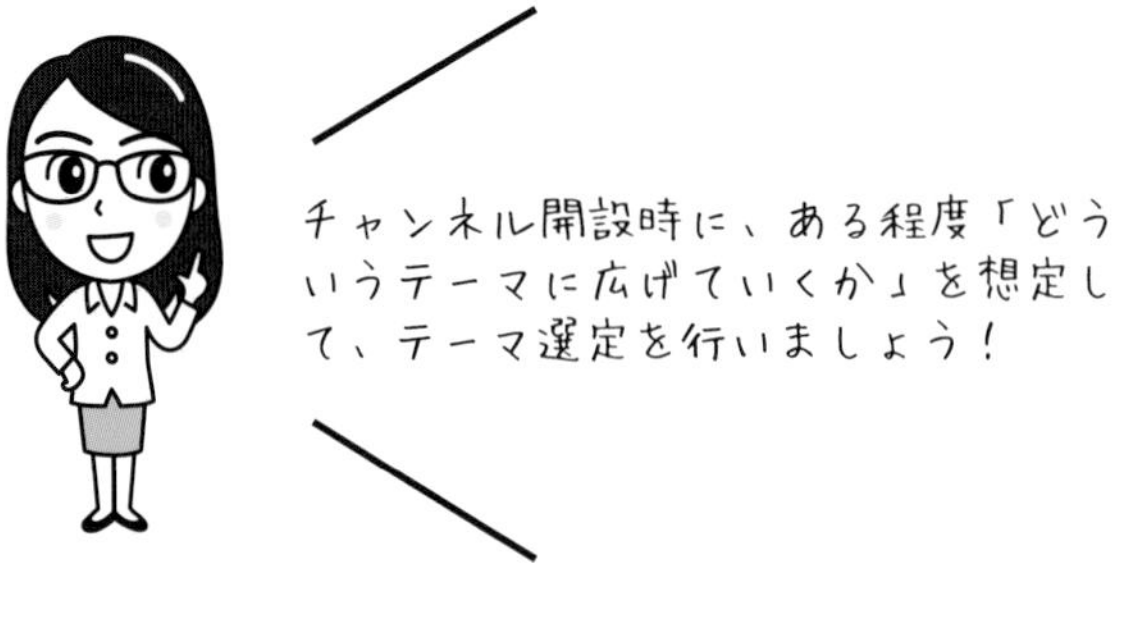
チャンネル開設時に、ある程度「どういうテーマに広げていくか」を想定して、テーマ選定を行いましょう！

5 動画内のCTAで登録を促してみよう！

チャンネル登録者を増やしたい場合、いいコンテンツを作るのは大前提ですが、それだけでは不十分です。

動画内で「チャンネル登録よろしくお願いします！」といった呼びかけ「CTA（Call To Action）」をすることで、視聴者の具体的な行動に結びつけることができます。

CTAの例を紹介します。

視聴開始直後の冒頭の挨拶で

「このチャンネルでは○○に関する情報を他にもたくさん配信しております。チャンネル登録をしていただくことで最新情報を見逃さずにキャッチすることができます！」

動画の場面切り替えで

動画内の話の切り替わり部分で「チャンネル登録よろしく！」などと1〜2秒程度アプローチ

動画の最後で

「ご視聴いただきありがとうございました。今回の動画が良かったという方はグッドボタンとチャンネル登録よろしくお願いします！」

ＣＴＡの言葉や方法は人それぞれで、今回紹介したのはあくまでも一例です。確実に言えることは「やらないよりやった方がいい」ということです。

- **チャンネル登録をすることで得られるメリット**
- **今までどんな動画を出してきたのか＆これからどんな情報を発信するのか**
- **このチャンネルだけの独自性や限定性は何なのか**

こういったことは、言葉に出してＰＲしない限り伝わりません。自分のチャンネルの魅力を言葉に出してＰＲしつつ、チャンネル登録を促すことで、視聴ユーザーは行動を起こしてくれます。

ここがポイント

- 更新は一貫した継続が大事
- ペルソナに合わせて動画を公開し初動を掴もう
- HUB コンテンツでコアなファンを獲得する
- 動画の冒頭、中間、終わりに CTA で登録を呼びかけよう

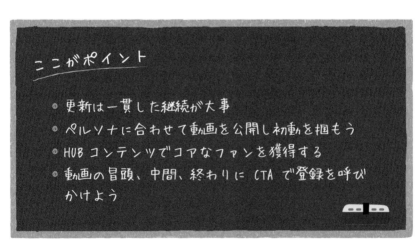

3時限目

オーソドックスな収益、広告収入で稼ぐ方法

広告収入はユーチューブで収益を得るもっとも一般的な手段。収益化条件や種類を解説します。

01 ユーチューブから広告収入を得る仕組みと全体像

1 宣伝媒体として成り立つユーチューブ

ユーチューブは、動画を投稿・共有するだけのプラットフォームではありません。ユーチューブ利用者がもっともオーソドックスに収益化する方法に「広告」があるように、有効な宣伝媒体として成り立っています。人気のあるチャンネルや動画にお金を払って広告主が自社の商品を宣伝してもらうことによって、認知拡大を図っているのです。

ユーチューブで広告収入を得られるといっても、広告主から直接連絡が来るわけではありません。自社の商品を宣伝したい広告主は、ネット広告である「**Google広告**」を利用します。

Google広告には複数の種類があります。通常のグーグル検索の結果に出す広告や、バナー広告、ディスプレイ広告などさまざまです。その中の1つの広告出稿先として、ユーチューブがあるわけですね。

広告主は、Google広告を使って自社商品と相性のいいジャンルをターゲティングし、ユーチューブに出稿します。出稿した広告は、広告主がターゲティングしたジャンルで活動しているユーチューブチャンネルの動画内で表示され、一定時間数再生されるか、もしくは広告をクリックされることで動画投稿者の収益となります。

2 広告収入とはGoogleAdSense

ユーチューブを見るとき、動画の最初や途中で広告を目にしたことがあると思います。あれは**GoogleAdSense**という広告です。

GoogleAdSenseはブログなどでも利用される広告です。自分が運営するブログに表示されたGoogleAdSenseの広告をクリックされるだけで、報酬が支払われます。

ユーチューブのGoogleAdSenseでは、報酬発生基準は「クリックのみ」と決まっているわけではありません。ユーチューブで表示される広告にも種類があり、それによって表示時間やクリックなどの報酬発生基準が異なります。

3 ユーチューブ広告の種類

ユーチューブ広告の種類には大きく分けて次のようなものがあります。

- TrueViewインストリーム広告
- バンパー広告
- オーバーレイ広告

TrueViewインストリーム広告は、もっともよく見られる広告なのではないでしょうか（次ページの上図）。動画視聴すると最初に再生され、5秒でスキップ可能な広告です。この広告のリンクをクリックしたり、30秒以上広告を視聴した場合に、動画投稿者に収益が発生します（スキップ不可の動画広告もあります）。

バンパー広告は、6秒間スキップができない動画広告です（次ページの下図）。「1視聴いくら」という報酬発生ではなく、1000回再生ごとに報酬が発生します。報酬額はジャンルなどによっても変動しますが、およそ1000回再生あたり300〜700円となっています。

オーバーレイ広告は、140ページの図のように、動画の下中央に出るバナーのような広告のことです。こちらは、1000回表示されるか、クリックされるかのどちらかで報酬が発生します。

このように、ユーチューブには複数種類の広告があり、報酬発生基準も違えば単価もジャンルなどによってまちまちです。ユーチューブの広告収入でよく「1再生あたり○○円」と言われるのは、これらの広告収入全体を大きく捉えた数字です（1000回表示されないと報酬が発生し

● TrueView インストリーム広告の例

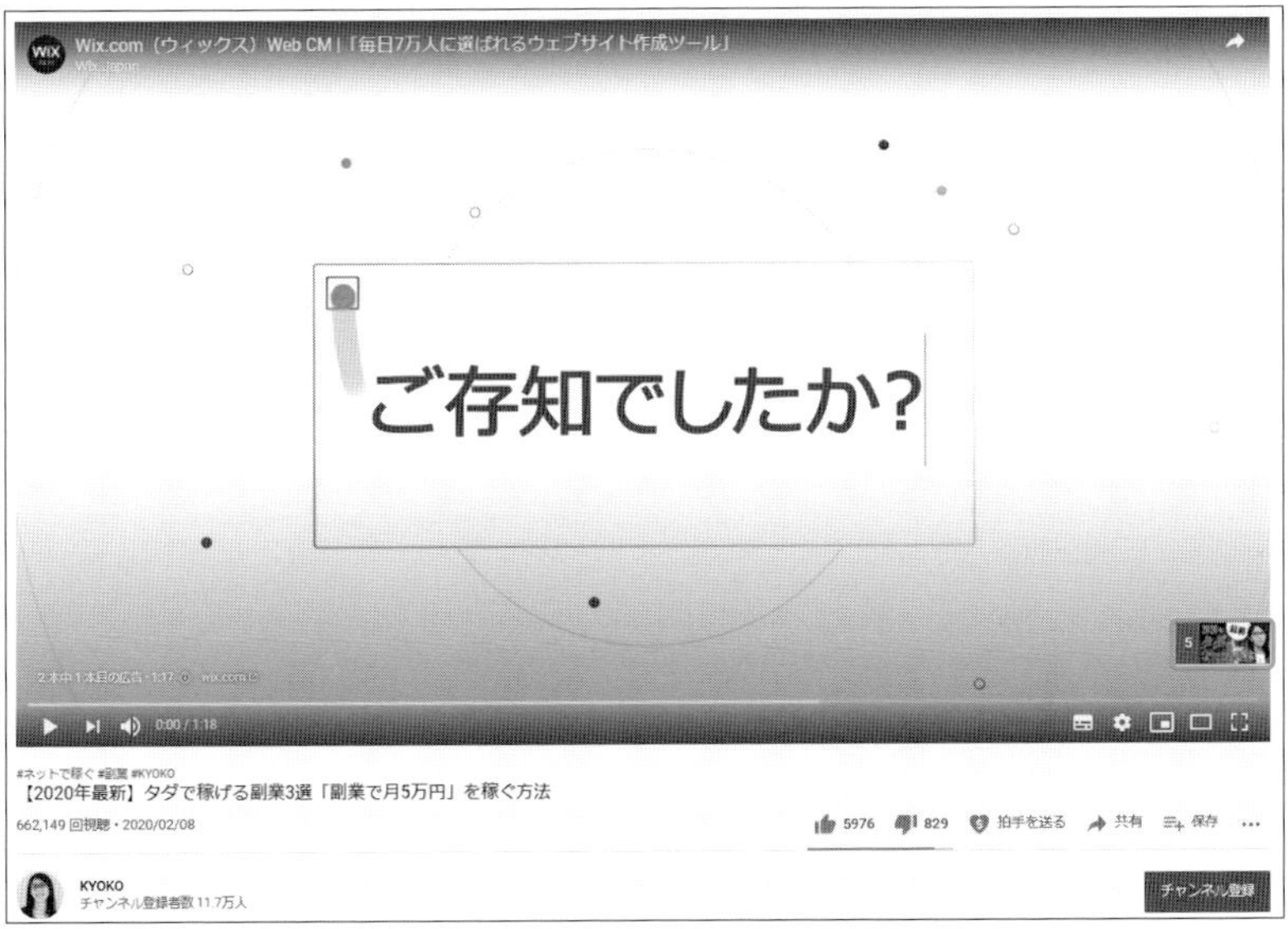

● バンパー広告の例

ないものもあったり、クリックが必要だったりするため）。一般的に、報酬単価は1再生あたり0・05〜0・1円などと言われていますが、ジャンルによっては1再生1円以上も可能でその限りではありません。

4 ジャンルによっても広告単価は違う

ユーチューブ広告で稼ぐ場合は、ジャンル選びが非常に重要です。なぜならジャンルによって広告単価がかなり違うからです。

仮に、広告単価が1再生あたり0・1円だったとすれば、再生数の10％が利益になります。1万回再生されて1000円です。これでは初心者にはハードルが高いですよね。

そのため、広告で稼ぎたいと思うのであれば、なるべく広告単価の高いジャンルに参入すること

オーバーレイ広告の例

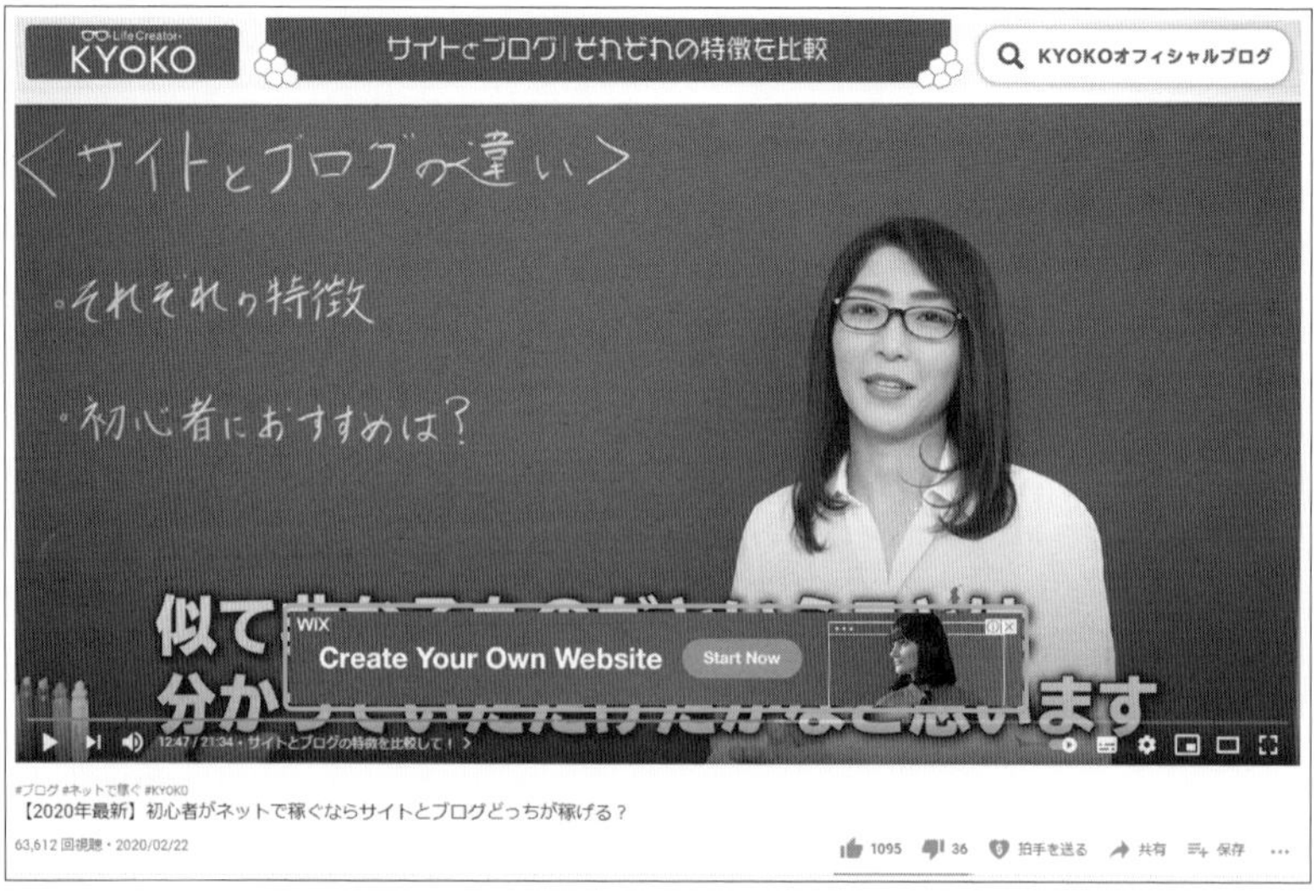

をおすすめします。

筆者のチャンネルでの広告単価は、1再生あたり1円かそれより少し高いくらいです。単純計算で10万回再生されれば、1本で10万円かそれ以上の広告収入になるのです。

これは、正直言ってかなり高い方だと思います。同じような広告単価を確実に取れる方法はわかりません。ただ1つ言えるのは、動画の質と参入ジャンルが広告単価の決め手になっているということです。

広告単価の高いジャンルと安いジャンル

広告単価の高いジャンルは、大きなお金が動くジャンルです。商品やサービスが売れた際の利益率が高いジャンルが、広告単価の高いジャンルである可能性が高いといえます。例えば次のようなジャンルが考えられます。

- 転職
- ビジネス
- 資産運用
- 不動産
- 筋トレ

逆に、広告単価が安いのは、想定視聴ユーザー層が購買意欲の低いジャンルです。広告を見ても興味を示さないか、クリックしても購買に結びつかない、あるいは利益率が低い商品広告が表示されるジャンルが想定されます。次のようなジャンルです。

- エンタメ全般
- 子ども向け

自分のチャンネルテーマや取り扱っている動画単位のキーワードで、広告単価の目安を確認する方法もあります（次ページの図）。「1再生いくら」といった詳細ではなく、あくまでもざっくり「高いか安いか」程度の目安ですが、参考にはなるでしょう。

STEP1

キーワードプランナーでキーワードを分析します。キーワードプランナーは、広告主が広告を出稿する際に「どのジャンルに出稿したらいくら位かかるか」の目安を知るためのツールです。これを活用します。キーワードプランナーへアクセスして「検索のボリュームと予測のデータを確認する」をクリックします。

● STEP1　キーワードプランナーでキーワードを分析する

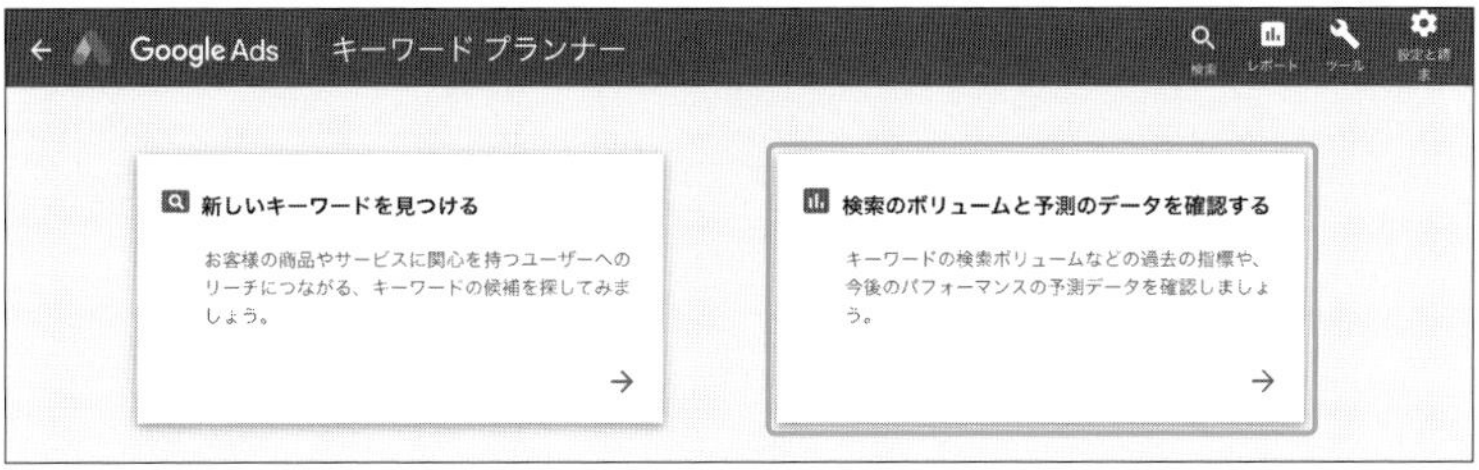

● STEP2　チャンネルのテーマキーワードもしくは動画単位のキーワードを検索

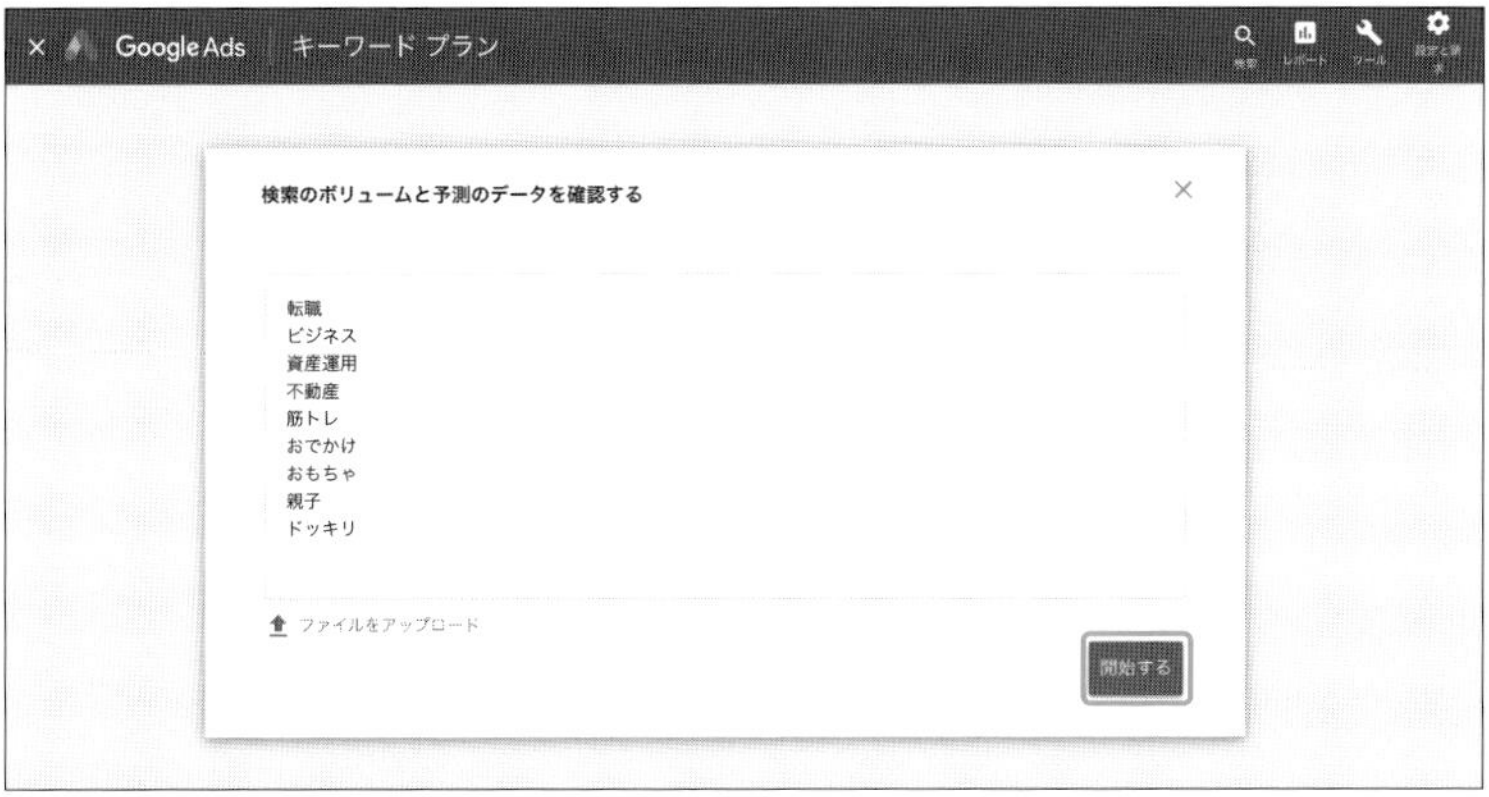

● STEP3　「広告の入札単価」をチェックする

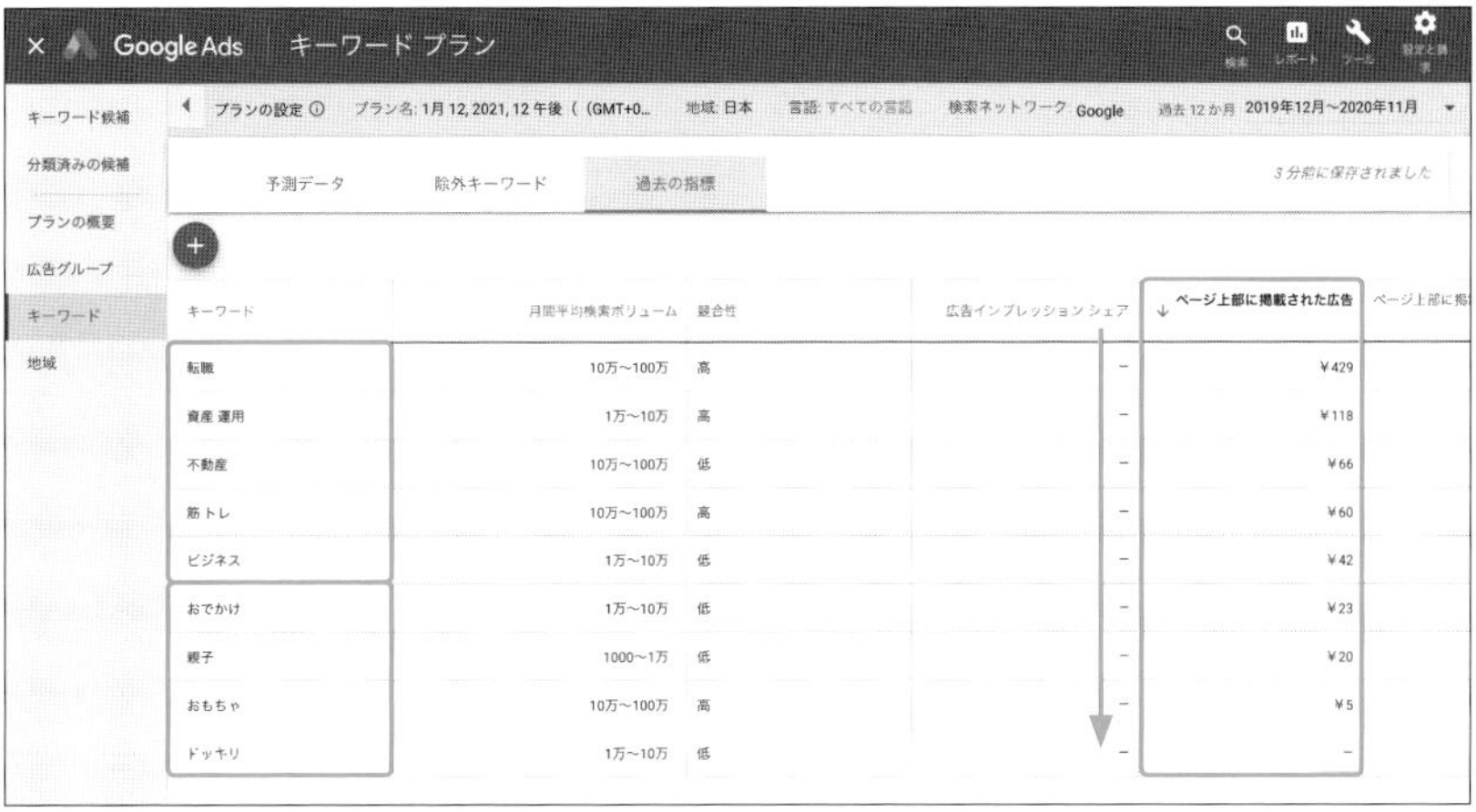

STEP2

チャンネルのテーマキーワードもしくは動画単位のキーワードを検索します。チャンネルのジャンル自体のキーワードや、動画単位のキーワードで検索して、広告主がそのジャンルなら「いくらで入札するのか」を知りましょう。

STEP3

「広告の入札単価」をチェックします。「転職」「資産運用」など広告単価が高いとされるジャンルのキーワードがある一方で「親子」「おもちゃ」といった子ども向けジャンルで扱うテーマキーワードや、エンタメでよくある「ドッキリ」などのキーワードは単価が安いことがわかります。

このように、広告主の立場で考えてみると非常によくわかります。「広告出稿した際にどれだけの利益が期待できるか」によって単価は変わってきます。広告主としても、自社商品と親和性の高いジャンルで発信しているチャンネルに広告を出稿したいわけですから、そのようなジャンルに参入することが収益化の近道といえます。

ここがポイント

- YouTubeは広告主にとって優秀な宣伝媒体
- 広告には種類があり、表示時間やクリックなどの報酬発生基準が異なる
- 広告単価は大きなお金が動くジャンルでは高く、そうでないジャンルでは低い傾向がある

02 YouTubeパートナープログラムの参加条件を満たそう

1 ユーチューブ収益化までの最低条件

ユーチューブ広告収益を得るためには**YouTubeパートナープログラム**に参加する必要があります。パートナープログラムに参加するためには、次の条件を最低限満たしていなくてはいけません。

1. チャンネル登録者1000人以上
2. 総再生時間が直近の12ヶ月間で4000時間以上
3. プログラムが利用可能な国に住んでいる
4. ユーチューブの収益化ポリシーに違反していない

1と2は、主に「チャンネルがアクティブか」を判断しています。「ユーチューブチャンネルは開設したけどほとんど使っていない」というチャンネルでは、収益化条件に満たないということになります。ユーチューブとしても、広告を活用してほしいわけですから、積極的に動画をアップロードしていたりチャンネル登録者を獲得できているアカウントに広告を表示することが好ましいのです。

3に関しては、プログラムが利用不可能な国に住んでいる場合は、収益を得ることはできません。もちろん、日本国内在住であれば問題ありません。

4は、当たり前なのですが、次のようなチャンネルを運営している場合は、YouTubeパートナープログラムに参加することはできません。

- スパムをしている
- デリケートなコンテンツを配信している
- 暴力的で危険な内容

パートナープログラム参加後にこのような運営をした場合は、広告の非表示やアカウントの一時停止または削除などが行われます。

2 GoogleAdSenseアカウントはあるか？

ユーチューブに広告を表示するためには、**GoogleAdSenseアカウント**とその紐づけが必要です。ユーチューブを始める以前に、ブログなどでの運用でGoogleアドセンスのアカウントを持っている場合は、そのアカウントとユーチューブアカウントを紐づけます。

持っていない場合は、新しくGoogleAdSenseアカウントを開設する必要があります。

GoogleAdSenseとユーチューブの紐付け

AdSenseアカウントをまだ持っていない方はユーチューブ上で作成できます。すでにAdSenseアカウントを持っている場合は、ユーチューブ上で登録し、収益化を有効にするだけです。

1. **「YouTubeStudio」(https://studio.youtube.com/)へアクセスします。**
2. **「GoogleAdSenseに申し込む」という表示からアカウント開設に進みます。**
3. **指示に従って入力項目を埋めていきアカウント開設を申請します。アカウント開設の申請が通るまで数日かかります。**
4. **アカウントが開設されるとメールが届き、ユーチューブスタジオの「GoogleAdSenseに申し込む」という部分に緑色で「完了」と表示されます。**

5. 「チャンネル登録者1000人以上・総再生時間4000時間」の条件を満たしていれば、ユーチューブスタジオの「収益受け取り」タブで「収益化を有効」にすることで、広告を貼れるようになります。広告の審査については、承認されるまで1ヶ月程度かかります。

収益化のための条件をクリアして、GoogleAdSenseのアカウントとユーチューブアカウントを紐付け、収益受け取りの準備を整えましょう。

ここがポイント

- 広告収益を得るためにはYouTubeパートナープログラムに参加する必要がある
- 条件はアクティブで収益化ポリシーに反しないアカウントであること
- GoogleAdSenseアカウントが必要
- 審査は1ヶ月ほど

03 広告で稼ぐなら「数」が大事

1 「再生数」

ユーチューブを使った広告収入で稼ぐのであれば「**再生数**」こそが命です。

もちろん前述した通り、広告単価の高いジャンルに参入することも1つの施策ですが、それも再生されなくては意味がありません。

それでは、たくさんの人に再生される動画とはどのようなものでしょうか。これは「登録者が獲得できるコンテンツの種類」で解説した「**HEROコンテンツ**」がそれに当たります。マスを狙ったコンテンツ作りをする必要があるのですね。

とはいえ、チャンネルテーマの広さと各動画のテーマの広さ、それぞれに難易度も違うと筆者は思っています。これまで解説してきたことの繰り返しになりますが、広告単価と再生数には次のようなターゲットが考えられます。

- **単価は普通だが、万人に受けるジャンルで大きな再生数を狙って稼ぐ**
- **専門的で高単価な狭いジャンルで、可能な限り再生数を上げて稼ぐ**

どちらを狙うかは、チャンネル運営のスタイルによってまちまちです（下表）が、**どのような前提条件でもその中で可能な限り再生数を上げる努力をする必要がある**ということです。

どのようなジャンルでも、マニアックなテーマの動画というのは刺さるユーザーも少ないので、再生数が限定的になりがちです。

● チャンネルテーマの広さとコンテンツの広さ

テーマ	コンテンツ（動画）	例	メリット・デメリット
広いテーマ	広い コンテンツ	「ダイエット」のような一般的なチャンネルテーマ（ジャンル）で「筋トレ」といった同様に広いテーマの動画を出す。	かなり広いパイを取れ、再生数も大きく取れるが、競合が多く強いことが多いので独自性を出しにくい。反応が悪ければインプレッション（露出）されず再生されないこともありうる。
広いテーマ	ニッチな コンテンツ	「ダイエット」のような一般的なチャンネルテーマ（ジャンル）で「こんにゃくの効果」のような狭いテーマの動画を出す。	動画のテーマは本当に興味のある人にしか届かない内容かもしれないが、チャンネルテーマが広いのでそこそこ再生数が取れる。なおかつ内容はニッチなので、競合は比較的弱め。
ニッチなテーマ	広い コンテンツ	「ネットで稼ぐ」といったニッチなチャンネルテーマ（ジャンル）で「ネットで稼ぐ方法」といった一般的な広いテーマの動画を出す。	専門性が高くニッチなテーマは広告単価が高い傾向にある。その中で、可能な限り広いテーマで動画を配信することで、比較的再生回数が少なくても大きく稼げる。競合も少なく差別化しやすい。

2 「動画の数」

次に大事なのは「**動画の数**（投稿動画数）」です。

ユーチューブの動画は、継続し投稿することでチャンネル内に蓄積していきます。ツイッターやインスタグラムなどのＳＮＳでは、過去の投稿はタイムラインから流れてしまいがちで、なかなか過去の投稿を遡って見られることはありませんが、ユーチューブは違います。ユーチューブ動画は比較的過去の動画も再生され続けるので、チャンネル内に蓄積された動画は資産となります。

自チャンネルで新たに投稿した動画の関連動画や、他のチャンネルで最近投稿された同テーマの動画など、関連動画として過去動画がピックアップされて再生されます。

その観点から、ユーチューブで広告収益を得ようと思えば、継続的な動画の作成と投稿が必要になりますね。

3 「チャンネル登録者の数」

動画の再生数を伸ばすためには、動画のインプレッション（impression：露出）が必要です。どんなにいいコンテンツを作っても、誰の目にも触れなければ「ない」のも一緒ですからね。

これまで解説した内容の繰り返しになりますが、動画のインプレッションを拡大するためには、おすすめや関連動画に載る必要があります。おすすめや関連動画に載るためには、チャンネル登録者のエンゲージメントが大切です。その観点から考えると、広告で稼ごうと思えば「**チャンネル登録者の数**」も必要になってきます。

公開した動画が広く視聴者にリーチでき、それによってチャンネル登録者が増えて反応率も高くなり、おすすめや関連に載ることでさらにリーチを広げることができるのか。それとも、チャンネル登録者数が増えるから、反応率が高くなってインプレッションが拡大されて、チャンネル登録者数が増えるのか。

「卵が先か、鶏が先か」のような話になりますが、広告収益で稼ぐための必須条件である「再生数を伸ばす」ためには、良質のコンテンツを作成してチャンネル登録者数を増やすのは必然といえます。

4 「広告の数」

広告収益を最大化するためには「**広告の数**」も意識しなくてはいけません。

1つの動画に付けられる広告の数は1つとは限りません。複数付けることで動画1本あたりの広告単価を上げることも可能です。

広告の数を増やすために必要なことは次の2点です。

1. 長尺動画の作成
2. ミッドロール広告の活用

ユーチューブで複数の広告を貼るためには一定時間以上の尺で動画を作成する必要があります。極端にいうと、動画の尺が長ければ長いほどたくさんの広告を差し込むことができるのです。

動画の途中に差し込む広告を「**ミッドロール広告**」といいます。ミッドロール広告は、8分以上ある動画に使用可能です。ミッドロール広告は、動画投稿時に設定することができます（下図）。

動画投稿時に「動画広告の配信」の「動画の途中（ミッドロール）」へチェックを入れます。ミッドロール広告の挿入箇所は、何もしなければユーチューブ側で最適な箇所に自動挿入され

● ミッドロール広告の適用方法

ます。もちろん手動でミッドロール広告の表示箇所を設定することも可能です。

広告数を増やす場合の注意点

注意点としては、複数の広告を差し込むと、視聴維持率の低下につながることがあるということです。基本的にユーザーは宣伝を嫌がりますから、視聴維持率が低くなると動画単位やチャンネル単位での評価が低くなり、関連やおすすめに出にくくなってしまいます。

動画の長さと広告の数のさじ加減は考えなくてはいけませんね。

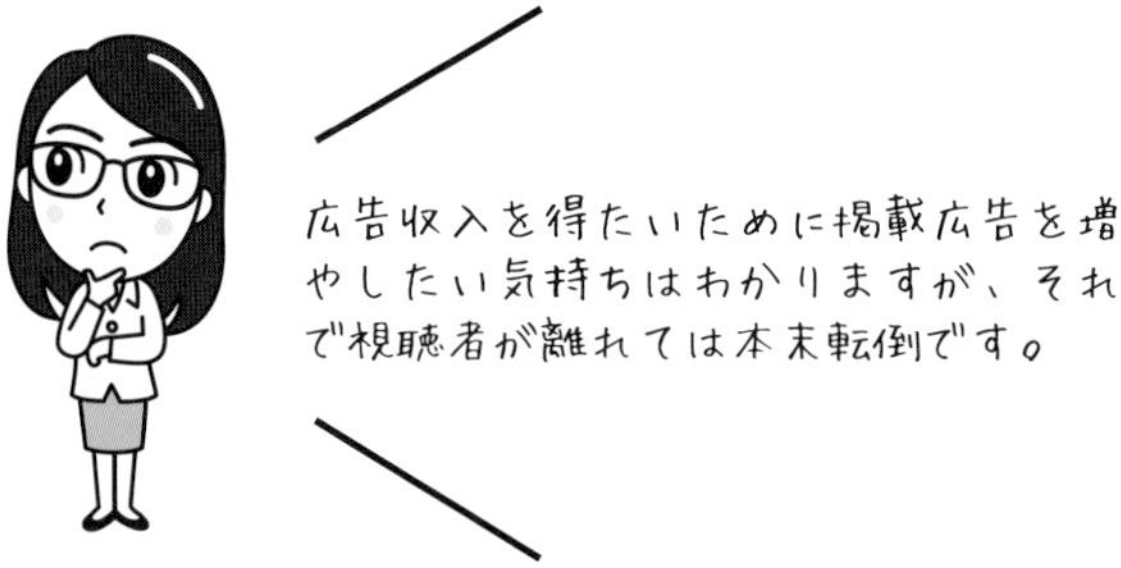
広告収入を得たいために掲載広告を増やしたい気持ちはわかりますが、それで視聴者が離れては本末転倒です。

ここがポイント

- YouTube 広告で稼ぎたければ4つの「数」を意識せよ！
  1. 再生数
  2. 動画の数
  3. チャンネル登録者数
  4. 広告の数

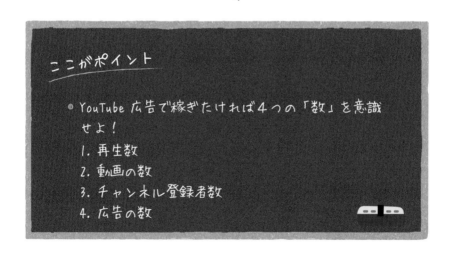

Column2

収益化基準をクリアしても収益化できない人

竹中 文人

多くの人が、YouTubeチャンネルの収益化基準である「チャンネル登録者数1,000人、動画の総再生時間が過去12ヶ月で4,000時間」をクリアすれば、収益化ができると思っています。しかし、収益化基準は審査に申請する最低限の条件であって、必ず収益化できるわけではありません。

日々動画を公開してチャンネルを育て基準をクリアしたのに、収益化できない人は少なくありません。収益化するために特に気をつけてほしい点は、次の3つです。

❶ AdSenseアカウントの重複

YouTubeチャンネルで収益化するには、有効なAdSenseアカウントと紐付けを行う必要があります。AdSenseアカウントを所有していない場合はYouTube Studioから新規で作成することができ、すでにAdSenseアカウントを所有している場合はそれと紐付けを行います。

ここで重要なのが「**AdSenseアカウントは一人一つしか所有できない**」というルールです。

すでにAdSenseアカウントを所有しているにも関わらず、新規でAdSenseに申請してしまうと「重複アカウント」として弾かれてしまいます。最悪の場合、重複状態が解消できず収益化ができません。

例えば、過去にブログを収益化するためにAdSenseに申請していたり、別のYouTubeチャンネルを収益化しようと申請したことはないでしょうか。

申請だけして承認されていない場合も、AdSenseアカウントは作成され所有している状態になります。YouTubeチャンネルの収益化に申請する前に、過去にAdSenseに申請したことがないか確認しましょう。

❷普段の行動に問題はないですか？

収益化に申請するチャンネルに問題がなくても、必ず承認されるわけではありません。収益化できないとの相談で多いのが「ご利用要件を満たしていない」という理由で不承認となるケースです。

この理由が原因で収益化できないチャンネルを、筆者はたくさん見てきました。何が原因となっているか特定することが非常に難しいのですが、例えば次のようなことが考えられます。

- 他に所有していたチャンネルが停止されたことがある
- ポリシーやガイドラインに違反するような行動を行っていた
- Googleアカウントそのもので規約違反を行っていた

このような問題行動があると、収益化できない可能性があります。

アカウント単位や動画単位で問題がないかだけではなく「誰がチャンネルを運営しているか」の人単位でもチェックされていると考え、普段の行動も問題がないように気をつけましょう。

❸チャンネル購入や代行業者の利用

チャンネル登録者数を1,000人以上にできない場合など、思うように収益化できず手を出してしまうのが、**登録者数の購入**や**チャンネル購入、代行業者の利用**です。

まず、登録者数や視聴回数等を購入することは**インセンティブスパム**と呼ばれ、YouTubeで禁止されています。探せば簡単に販売業者は見つかりますが、**絶対に手を出さないでください**。「YouTubeにバレることは絶対にありません」と記載されていてもです。GoogleやYouTubeを甘く見てはいけません。不正行為はバレます。

また、チャンネル購入や代行業者の利用もおすすめできません。例えば、販売されているチャンネルが不正行為によって登録者数や再生時間を増やしているかもしれませんし、アカウントの乗っ取りによって所有しているチャンネルかもしれません。代行業者の利用も同様に、不正行為によって収益化基準をクリアしようとするかもしれません。

問題がないチャンネルだったとしても、他人が運営していたチャンネルを引き継ぎ、視聴者が継続して満足する動画を提供し続けることができるでしょうか？

コンテンツの方向性を間違えずコツコツ継続できれば、収益化の基準をクリアすることは難しくないと思います。それすら自分の力でクリアできないのであれば、大きな収益を得ていくことは厳しいのではないでしょうか。

（左ページに続く）

守るべきYouTube のチャンネル収益化ポリシーとは？

収益化を行うには、守らなければならないルールがたくさんあります！　軸となっているのが「**YouTubeのチャンネル収益化ポリシー**」です。

https://support.google.com/youtube/answer/1311392

このポリシーの中で、下記のガイドラインやポリシーなどのルールを守るように記載されています。

- YouTubeコミュニティガイドライン
  https://www.youtube.com/howyoutubeworks/policies/community-guidelines/
- YouTube 利用規約
  https://www.youtube.com/static?template＝terms
- AdSense プログラムポリシー
  https://support.google.com/adsense/answer/48182
- 広告掲載に適したコンテンツのガイドライン
  https://support.google.com/youtube/answer/6162278
- 著作権等

自分自身ですべての内容を必ず確認してほしいのですが、ここでは特に気をつけてほしい内容を簡潔に紹介します。

YouTubeコミュニティガイドライン

YouTubeコミュニティガイドラインは、チャンネルを運営するクリエイターも視聴者もYouTubeを安全に使用するためのガイドラインです。

例えば、嫌がらせやいじめ、ヘイトスピーチなど暴力的なコンテンツ、性的な内容やショッキングな内容、子どもの心や体を危険にさらす可能性があるコンテンツなどが禁止されています。「コンテンツ」とは動画だけでなく、サムネイルや動画の説明、コメントなども含まれています。

動画を公開しているチャンネル内では問題がなくても、動画のコメント欄で暴言を書き込んだり嫌がらせを行うことはガイドライン違反となります。その結果、運営しているチャンネルが停止されることも考えられます。

AdSenseプログラムポリシー

AdSenseプログラムポリシーで特に注目してほしい内容は「**無効なクリックとインプレッション**」です。

収益化が承認されたばかりの人がやってしまうのが、自分の動画で表示された広告を自分でクリックして収益を発生させることです。

「広告が機能するか確かめたい」「1回くらいクリックしても大丈夫だろう」と安易に行う人が多いですが、完全なポリシー違反です。

また、広告をクリックするように視聴者に直接依頼することもダメですし「このチャンネルは広告収入によって運営されています。ご協力ください」などと誘導することもダメです。

さらに、無効なインプレッションにも気をつけましょう。無効なインプレッションとは、自分で自分の広告を表示させることです。

YouTubeで表示される広告は、クリックをしなくても収益が発生するものがあります。例えば、動画視聴前などに表示される「スキップ可能な動画広告」では、クリックしなくてもすべての動画広告を視聴するか30秒以上視聴すると収益が発生します。

このような無効なクリックやインプレッションが原因で、AdSenseアカウントが無効になるケースがあります。AdSenseアカウントは、一度でも無効になるとその人はその後AdSenseアカウントを作成することができないので、十分お気を付けください。

少しでもリスクを抑えたいのであれば、広告を非表示にできる**YouTube Premium**に加入するといいですね。

実はダメ！ やりがちな違反行為とは？

ダメだとは知らずに、やってしまう行為を紹介します。

チャンネル登録者を購入することがインセンティブスパムになることは、すでに説明しました。それだけではなく、金銭のやり取りがなくても、登録者を増やすことを目的に相互チャンネル登録をすることもダメです。相互チャンネル登録をするためのツールやコミュニティ等もありますが、スパム行為なので手を出さないようにしてください。

また、自分のチャンネルや動画を宣伝するために、他者動画のコメント欄に「動画とても参考になりました！　よろしければ私のチャンネルもご覧ください」といったコメントを投稿していく「あいさつ回り」もしないようにしましょう。

同じような内容のコメントを繰り返したくさん投稿することで、YouTube側からスパムと判断される恐れがありますし、他のユーザーにとっても迷惑な行為です。スパム行為を行っているユーザーだと判断されると、真面目なコメントを投稿しても保留状態となり

（左ページに続く）

表示されなくなることがあります。

「有名な人がすすめていたから」「他のチャンネルでやっているから」は通用しません。

長期的に収益を得るために必要なこと

ほとんどの方が、何年も継続して収益を得ていきたいと思っているでしょう。しかし、YouTubeに収益化が承認されても、長期的に収益を得られる保証はどこにもありません。

では、どうしたら長期的に収益を得ることができるのでしょうか。

まず重要なことは、ガイドラインやポリシー等のルールを守ることです。どれだけチャンネル登録者や視聴回数が多くても、ルール違反によって収益化の停止やチャンネル停止等になり収益が得られなくなる人は少なくありません。ルールを理解し絶対に守りましょう！

2つ目は、広告収入だけに依存しないことです。YouTube Studioから収益化を「オン」にするだけで動画に広告が掲載され、収益が得られるのは管理も簡単で素晴らしいのですが、いつまでも同じように広告収入が得られるとは限りません。

広告収入は広告主に依存する部分が大きく、例えば不景気になれば、広告主は広告出稿を控え広告単価が下がり、収入が激減するかもしれません。

YouTubeでは、ライブ配信中のチャットで投げ銭を行う**Super Chat**と**Super Stickers**というシステムがあり、視聴者がクリエイターに直接金銭的な支援を行うことができます。

メンバーシップ機能を使用すれば、視聴者に月額料金を支払ってもらい、メンバー限定コミュニテイを運営することも可能です。

他にも、グッズ紹介機能によってYouTube経由で自分のグッズを販売するなど、広告以外の収入源が得られる機能が追加されてきています。

広告以外の収入を増やすために重要なのが、あなたを応援してくれる濃いファンの獲得です。ファンでなければ、投げ銭をしたりメンバーシップに参加してくれたりはしないですよね。

3つ目は、ファンを増やすためにも大切な動画についてです。

独自性の高い価値ある動画、**オリジナルの動画**を作成していきましょう。多くのクリエイターがYouTubeに参入し今後も増え続けることが予想されるため、他のクリエイターと差別化しファンを作っていくことが大切です。

「自分で動画作ってるよ」という方も多いですが、自分で作っていても他の方の動画と酷似しているのであれば「オリジナルで独自性が高い」とは言えません。

独自性を高める方法として、**自分が実際に体験したことや自分にしか伝えることができない内容**を入れることがあります。

他人がすでに伝えている情報を元にした情報だけでは、圧倒的に独自性や価値が下がります。視聴者としても、わざわざあなたの動画を見る必要性がありません。

自分にしか伝えることができないことを自分らしく伝えることは、ファンを増やしていく重要なポイントではないでしょうか。

価値ある情報を提供し、たくさんのファンができるよう一緒に頑張りましょう！

著者プロフィール

竹中文人（たけなか ふみひと）

2003年から趣味で始めたWebサイト制作をきっかけにネット業界に参入。現在もWebサイトや動画の作成、収益化のアドバイス等を行う。

また、GoogleにAdSense及びYouTubeの公式ヘルプコミュニティのエキスパートとして認定され活動中。

YouTube チャンネル：https://www.youtube.com/iscle

Web サイト：https://www.iscle.com/

4時限目

自社商品・独自コンテンツ販売

独自コンテンツ販売は大きく稼げます。動画を集客ツールとして稼ぐ方法を解説します。

01 コンテンツ販売の仕組みと全体像

1 独自コンテンツとは？

ここでいう**独自コンテンツ**とは「自分で販売するオリジナル商品」です。デジタルデータや情報、自社商品なども含まれます。

ネット上でお金を稼ぐには、極論をいうと「他者の商品を紹介して稼ぐ」「自分の商品を販売して稼ぐ」の2つの方法だけです。そして、効率的で長く大きく稼ぐために最終的に目指すべきなのは「**自分の商品を持つこと**」以外にありません。

「自分の商品を持っていない」という場合は、自分の商品を作るところから始める必要があります。

独自コンテンツをネットで販売する流れは次の通りです。

①認知（集客）

まずは、販売者である自分のことや商品について、ユーザーに認知してもらう必要があります。そのために大衆にリーチし、集客する必要があります。

②関係性構築

- **自分がどんな人物なのか？**
- **商品はどんなものなのか？**
- **なぜそれが必要で、それがあるとどうなるのか？**

認知してくれたユーザーに、このようなことを理解してもらう必要があります。継続的に情報発信することで、ユーザーに自分のコンテンツの魅力を理解してもらい、自己ブランディングおよび商品のブランディングも兼ねながら、信頼を構築していきます。

ユーチューブはここまでの「認知」「関係性構築」の段階で爆発的な威力を発揮します。

③販売

①②の段階を経て、ようやく「販売」に至ります。

2 独自コンテンツ販売の特徴

独自コンテンツ販売の最大の特徴は大きく稼げることでしょう。

ユーチューブで広告収入を得たりアフィリエイトで稼ぐスタイルは、他者の商品を紹介するビジネスです。一番利益が大きいのは商品やサービスの販売元です。

他人の商品を紹介することで収益を上げるビジネスモデルは、広告主が撤退したり、ユーチューブアルゴリズムの変更で広告がつかなかったりと他人任せの部分が多く、コントロールできないことがあります。

独自コンテンツ販売は自分で商品を持つので、利ざやが大きく稼げる金額も大きくなります。そして、何より「稼ぐための仕組み化」が整います。ユーチューブを使う目的が、他のビジネスモデルでは「ユーチューブで稼ぐ」のに対し、独自コンテンツ販売では「ユーチューブを利用する」形に変わります。ユーチューブを「認知」や「ブランディング」のためのツールとして利用するわけです。

独自コンテンツ販売のデメリットは「**認知とブランディングが難しい**」ことです。しかし、ユーチューブを使うことによってこのデメリットを大

● 独自コンテンツ販売のメリット・デメリット

メリット①	大きく稼げる
メリット②	再生数やチャンネル登録者数はさほど重要じゃない
メリット③	自分の商品なのでコントロール可能（商品自体の変更や販売形態など）

デメリット①	商品が必要
デメリット②	必要な人に認知してもらう必要がある
デメリット③	信頼の蓄積とブランディングが必須

きくカバーできることが「ユーチューブ×独自コンテンツ販売」の最大の魅力かもしれません。

3 今は自分だけの商品を簡単に作れる時代

自社商品を持っている人はいいのですが「自分の商品なんて持っていない」そんな人も多いでしょう。

ですが、安心してください。今は**独自商品を簡単に作れる時代**です。

それは「粗悪なものを作って適当に売れ！」と言っているのではありません。商品形態や販売方法の多様性が拡大したことで、独自商品を作りやすくなったのです。

従来は「独自商品」といえば、自分の会社で販売している有形商品（形のある商品）だったり、自社サービス（経営している美容室など）といったイメージを持っていたと思います。ビジネス規模が大きく、限られた人が自分だけの商品を持っているというイメージです。

しかし、昨今では個人でも商品開発ができ、しかもそれに需要

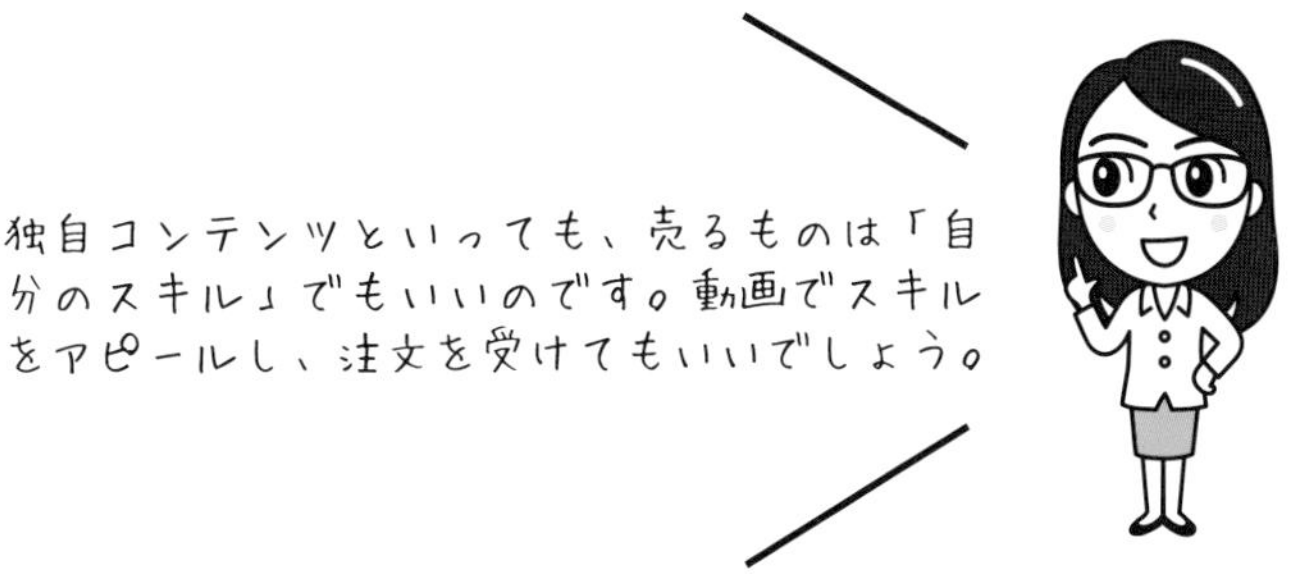
独自コンテンツといっても、売るものは「自分のスキル」でもいいのです。動画でスキルをアピールし、注文を受けてもいいでしょう。

がある時代になっています。例えば、カウンセラーの資格を持ち、長い実務経験がある人であれば「別れたパートナーと高確率で復縁する方法」のような商品を作ることもできます。さらに、同様の悩みを持った人同士のコミュニティを作ることにも価値があるかもしれません。これも商品です。

このような形のない商品を**無形商品**といいますが、ネットの技術が発達した現在、無形商品やデジタルコンテンツを作ることは難しいことではありません。

ここがポイント

- 広告収入やアフィリエイトよりも、独自コンテンツ販売は大きく稼げる
- 今は、個人でも独自コンテンツを比較的簡単に用意できる

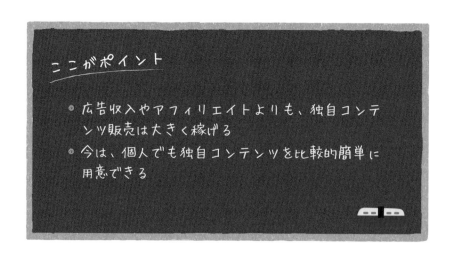

02 自社商品・独自コンテンツの種類

1 自社商品販促のユーチューブ活用例

既存の自社商品がある場合、ユーチューブの活用方法には次のような種類があります。

①グッズ販売

ユーチューブには「**グッズ紹介**」機能があります。利用要件は次の通りです。

- **チャンネルの収益化が承認されている**
- **パートナープログラムの利用可能国に住んでいる**
- **子ども向けチャンネルではない**
- **ユーチューブのポリシーに沿った運営をしているチャンネルである**

クリエイターとして人気が出たり、チャンネルの認知度が高まれば、自分だけのオリジナルグッズをユーチューブ上で販売することができます。人気ユーチューバーの中には、オリジナルTシャツやパーカーを販売している人もいますよね。

ユーチューブと提携している販売パートナーでグッズを作成し、ユーチューブに登録することで、チャンネルのホーム画面にグッズが表示されて、販売が可能になります（下図）。

グッズを作成する必要はありますが、例えば販売パートナーの「SUZURI」（https://suzuri.jp/）では、Tシャツであれば1枚2000円から作ることができます。

手数料など細かい差異はありますが、仮にTシャツ1枚を5000円で販売すれば、ざっくり3000円の利益になります。

②実店舗集客

美容院など何かしらの実店舗経営をしているのであれ

● グッズ紹介の設定ページ

ば、ユーチューブはその集客にも非常に役立ちます。

店舗の宣伝動画をあげるのではありません。そのサービスに興味を持つであろう視聴者が悩んでいることや知りたい情報を動画として提供することで、最終的にブランディングが確立されて信頼が蓄積し、店舗集客への大きな助けとなるはずです。

例えば美容院に集客したいのであれば、ヘアアレンジの方法や、自分で前髪をカットする方法など、見た目を気にする視聴者に刺さる動画を投稿することで、視聴者がその美容院に行ってみたくなるわけです。

ダイエットを主目的にするトレーニングジムであるライザップでは、公式チャンネルとしてストレッチの方法やトレーニングの方法などのお役立ちコンテンツを配信しています（下図）。時々、ダイレクトにPRする動画があるなど

● ライザップ（https://www.youtube.com/channel/UCl3KNzEZkai5e9WQryNOjGA）

「役立つだけのチャンネル」ではなく、しっかり「ライザップ」を売り込んで視聴者に認識させています。

③公式アカウント

企業もしくは個人としてすでに何らかの商品を販売している場合は、**公式アカウント**を通して商品のPRをしていく方法もあります。

基本的には実店舗集客とあまり変わりはないのですが、次のような視聴者が求める動画を出していくといいでしょう。

- **自分の商品に興味がありそうなユーザー**
- **自分の商品を必要としているユーザー**
- **自分の商品を購入するであろうユーザー**

メンズコスメやスタイリング剤のブランドであるGATSBYの公式チャンネル（下図）では、眉カットの方法やヘアスタイリングの方法などの動画を公開

● GATSBY（https://www.youtube.com/user/gatsbyyt）

しています。動画ではもちろんGATSBY製品を使っており、商品のPRに役立っていますよね。

2 デジタルコンテンツのユーチューブ活用例

独自コンテンツ販売の中でも、**デジタルコンテンツ**とユーチューブは非常に相性がいいです。デジタルコンテンツとは、情報やコミュニティなど形のない無形商品です。このような商材を販売する場合、商品や販売者に対する信用・信頼が大切になります。

ここまで解説してきたように、ユーチューブの情報伝達量は他のSNSに比べて圧倒的です。そのため、信頼関係を構築するのに極めて適したプラットフォームといえます。顔が見えて声も聞け、その人の考え方などを動画で見たうえで、商品を検討できるわけですから。

「デジタルコンテンツ」と一言でいっても、聞き馴染みのない人がいるかもしれません。具体的に紹介していきます。

①学習コンテンツ

オンライン教材などは、デジタルコンテンツの代表格といえるでしょう。例えばオンラインスクールや、有料のテキスト教材などもあります。筆者の場合、ＩＴビジネススクール副業の学校(https://fukugyou-gakkou.jp/)を運営しています。

他にも学習コンテンツであれば「**note**」(https://note.com/)のようなプラットフォームを

利用した有料記事販売もあります。テキストの販売であれば、Amazonが提供するKindleなどの電子書籍もありますね。Kindleも個人で執筆・販売できます。

筆者の場合は、副業に関する情報発信を主にしており、動画の中でほんの少し「副業の学校」についてのPRスペースを設けています（下図）。繰り返しになりますが、視聴者と配信者の信頼関係ありきのビジネスですが、普段から有益な情報を無料で発信することによって、自分の商品にも興味を持ってもらうことができます。

②コミュニティ

デジタルコンテンツの中には「**コミュニティ**」もあります。例えば**オンラインサロン**や、ユーチューブの公式機能である「**メンバーシップ**」がそれにあたります。メンバーシップ機能は子ども向けチャンネル以外のユーチューブポリシ

● 筆者のユーチューブチャンネルの例

ーに遵守しているチャンネルが対象で、YouTubeパートナープログラムに参加し、なおかつチャンネル登録者数が3万人以上いることで利用可能です。ユーザーは会員レベルに応じた月額料金を支払うことで特別なコンテンツを見ることができます。メンバーになったユーザーしか見ることのできない有料コンテンツの閲覧権限や、特典などを受け取ることができます。

下図は、トップブロガーでありビジネス系ユーチューバーである「イケハヤ」ことイケダハヤトさんのユーチューブチャンネルです。ビジネス全般に関する学びのあるコンテンツを配信することで「より深く学びたい」「イケハヤさんとつながりを持ちたい」という視聴者が有料メンバーシップを利用しています。イケハヤさんのチャンネルは30万人ほど登録者がいると推測されるので、メンバーシップの月額料金だけでかなりの収益が見込めます。193ページにイケハヤさんのコラムを掲載しています。

チャンネル登録者3万人以上でないと使えないメンバーシップ以外にもコミュニティ商品を作ることができます。

● イケハヤ大学（https://www.youtube.com/user/nubonba）

オンラインサロン

オンラインサロンなら、**DMMオンラインサロン**（https://lounge.dmm.com/）や**CAMPFIRE**（https://community.camp-fire.jp/）などのサービスを使えば、誰でも簡単にコミュニティを作ることができます。

オンラインサロンの種類はさまざまです。

- **ヨガのサロン**
- **経営者サロン**
- **釣りのサロン**
- **料理のサロン**

筆者も、女性限定のビジネスサロン「生きるチカラ向上委員会」（https://lounge.dmm.com/detail/2943/）を運営しています。

ユーチューブを活用するなら、サロンのテーマに合わせた発信をコンテンツ化することで集客できます。

③スキル

自身が持つスキルを用いて、実務的な業務を請け負うことも可能です。

例えば動画編集やデザイン、ライティングやコンサルティングなどです。自分のスキルに関する専門分野の情報発信をユーチューブですることで、権威性を身につけることができますよね。

例えば、WEBライティングのチャンネルで、その技術や収益の経緯などを発信し、動画内にPRスペースを設けて「私にライティングご依頼の方は概要欄に詳細がありますのでチェックしてみてください！」などとアプローチします。それを継続すると、有益な動画であればファンがつき、記事のライティングの依頼があるかもしれません。

ランサーズやクラウドワークスのようなアウトソーシング依頼サービスでも、外注ライターを探すことは可能です。しかし、その手のサービスではライターの実力が初見では把握しづらく、依頼するのに躊躇するケースもあります。

ユーチューブは信頼関係を構築するのにはうってつけのプラットフォームです。有益な情報を動画で発信していれば、自ずと信頼関係が醸成されて依頼に結びつく可能性が高まります。

ここがポイント

- 自社商品・独自コンテンツの種類は次のとおり
  ①グッズ販売　②実店舗集客　③公式アカウント
  ④学習コンテンツ　⑤コミュニティ　⑥スキル
- 無形商品の販売は信用・信頼の構築が不可欠
- YouTubeを通して商品につながるユーザーのニーズを満たすことが非常に大切

03 独自コンテンツ販売でのユーチューブ活用法

1 物が売れる公式

ここまでの解説で、ユーチューブを使った独自コンテンツ販売の有用性はある程度理解できたと思います。今の時代、個人でも簡単に自分の有形・無形の商品を用意でき、販売手法も多様性があるためです。

物が売れる流れには「認知（集客）」「関係性構築」「販売」という順序があります。これらの各段階には「物が売れる公式」に基づいた役割があります。

ネットで物が売れる公式は「**インプレッション数**×**クリック率**×**成約率**」です。この3つの要素を掛け合わせることによって商品が売れていきます。

インプレッション（impression）

インプレッションは、簡単にいうと**露出度**のことです。

どんなに良いものでも、人の目に触れることがなければ「ない」のも同然です。適切なターゲティングを行い、ターゲットに最大限露出することで、商品の存在を認知してもらえます。

クリック率（CTR）

クリック率（Click Through Rate：**CTR**）は、商品がターゲットに露出した際に、どれだけクリックされたかの割合です。CTRは、ターゲットが認知した情報に対する興味の深さがモノをいいます。商品の情報を目にしたとしても、興味が沸かなければ視聴者はクリックしないでしょう。

成約率（CVR）

成約率（Conversion Rate：**CVR**。CV率やコンバージョン率とも）は、関心を持ったターゲットが顧客になる割合のことです。

CVRは、認知して興味を持って内容を知ったうえで、購入

● 各段階における役割

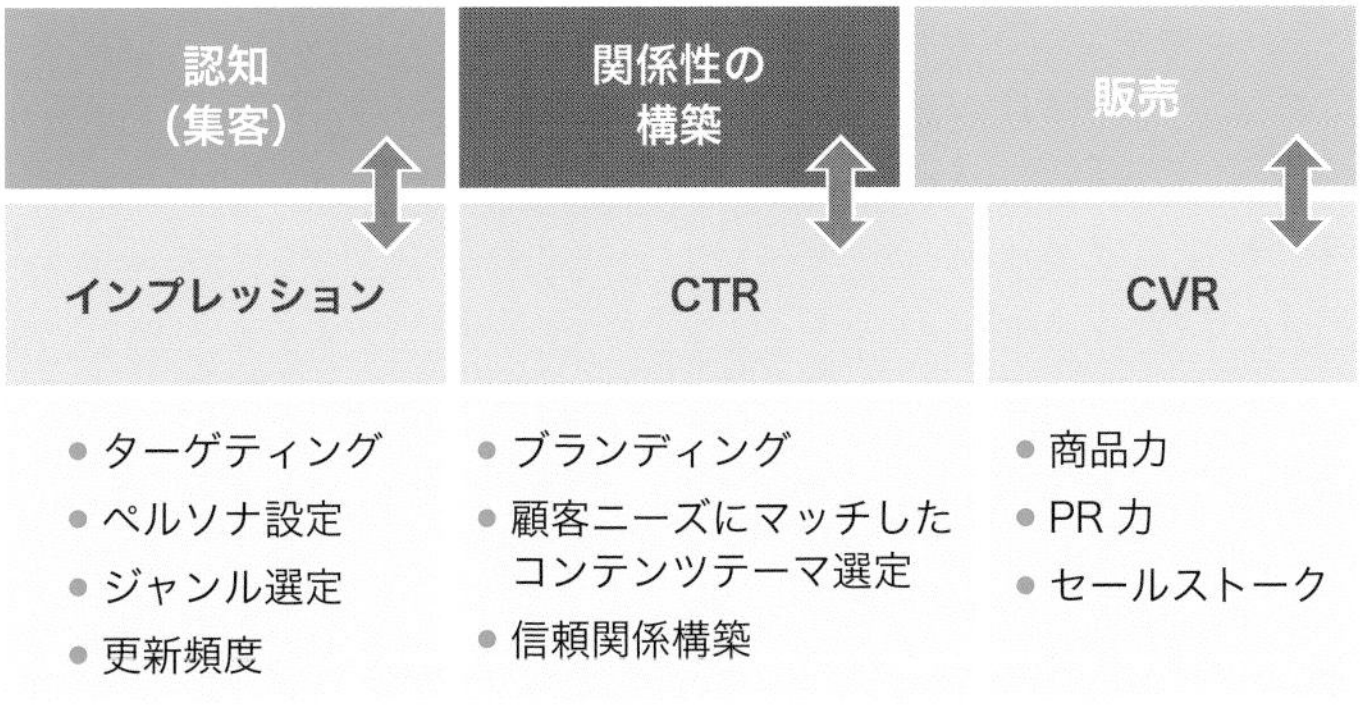
認知（集客）
関係性の構築
販売
インプレッション
CTR
CVR
・ターゲティング
・ペルソナ設定
・ジャンル選定
・更新頻度
・ブランディング
・顧客ニーズにマッチしたコンテンツテーマ選定
・信頼関係構築
・商品力
・PR力
・セールストーク

するか否かに関わります。商品の内容を知ったとしても、納得できなければ購入はしませんよね。

各フェーズでのユーチューブの役割

ユーチューブのような情報伝達力の優れた媒体では「認知」と「関係性構築」に驚異的な効果を発揮します。

次に、フェーズごとのユーチューブの役割について解説していきます。

2 ユーチューブで的確に集客して「認知」を広げる

最初のフェーズでは、ユーチューブを使って見込み客に最大限「知ってもらう」、つまり認知を広げます。そのために、次の3点を行う必要があります。

1. 視聴者のターゲティング(ジャンル選定)
2. ペルソナ設定
3. 更新頻度を保つ

1. 視聴者のターゲティング（ジャンル選定）

最初に、どのようなチャンネルを運営するのかというジャンル選定をしますが、それはすなわち「どのようなユーザー属性に見てもらうか」ということでもあります。

もし、英語学習の教材が自分の商品であれば、英会話ジャンルのチャンネルを運営して「英会話をマスターしたい視聴者層」に向けて動画を作るべきでしょう。

自分の商品に興味がありそうな、またはいずれ興味を持ちそうなユーザーは、どのような動画を好むのかを把握し、商品と関連度の高いジャンルでチャンネル運営をする必要があります。

ジャンルの広がりを意識する

ジャンル選定の際には、ぜひ**ジャンルの広がり**を意識しましょう。

運営開始当初は、そのジャンル内でもニッチでマニアックなテーマから始め、少しずつ同ジャンル内でテーマをスケールさせることができれば、後々のビジネス展開に有利です。「広がりを持たせられるか」は「後に露出を広げられるか」につながります。

筆者の場合、商品は「オンラインスクール」です。一部分は2時限目でも解説しましたが、ジャンルをスケールした履歴は次の通りになります。

1. ペラサイト
2. サイトアフィリエイト
3. アフィリエイト
4. ブログ
5. 副業

最初はニッチなテーマで始まり、徐々に一般的なテーマに移行しています。それに伴ってチャンネル登録者も増え、インプレッションも増えました。これからさらにテーマの拡大を目指すなら「ビジネス」や「お金」といった汎用性のある発信に切り替える必要があるということです。テーマ選定の際は、先を見据えておくことをおすすめします。

2. ペルソナ設定

ジャンルを選定してざっくり視聴者のターゲティングができたら、さらにターゲットを絞り込みます。「だいたいこんな感じのユーザーに見てほしい」から「この人に見てほしい！」というところまで絞り込むことを、**ペルソナ設定**と呼びます。ペルソナ設定をすることで具体的なターゲットユーザーをイメージし、そのユーザーが悩んでいることや欲しい情報が明確化します。

「たった1人にしか響かない動画を作って意味があるのか」と疑問に思うかもしれません。しかし心配はいりません。1人が悩むことは100人が悩むことです。逆に、万人に響く内容はありません。欲張ったコンテンツは、結局誰の胸にも響かないコンテンツになります。

例えば、英語学習の教材に興味のあるユーザーも、10代・20代・30代ではそれぞれ求める情報が違います。10代であれば学校のテスト対策かもしれませんし、20代であればTOEICなどの資格取得についての情報が知りたいのかもしれません。30代であればビジネス英語について知りたいかもしれませんよね。

さらに、学生なのか主婦なのかサラリーマンなのか、その人の属性によってもニーズは変わってきます。例えば主婦なら、自分のために英語学習したいのではなく「子どもに英語を教えたい」という場合もあるからです。

自分の商品が一般的な日常英会話を主とする英語学習の教材なら、次のようにペルソナもそれに合わせた方がいいでしょう。

日常英会話を必要とするであろうペルソナイメージ

- **留学の予定がある人**
- **海外旅行が好きな人**
- **海外ドラマが好きな人**
- **海外に移住予定がある人**
- **海外移住を夢に持っている人**

このペルソナイメージであれば、年齢は若いと推測できます。さらに詳細をつめて、下図のようなイメージを作成してみました。

今回はざっくりですが、実際にペルソナ設定する際はもっと詳細に出していくといいでしょう。

この「田中太郎」に向けてチャンネルを運営する場合、どのようなコンテンツが刺さるでしょうか。

● 具体的なペルソナイメージ

名前	田中 太郎
年齢	18歳
生活環境	大学生で一人暮らし
ネット環境	iPhone使用 自宅にWindowsパソコンあり
収入	親からの仕送りとバイト代で月10万円
悩み	彼女が欲しい
夢	海外での生活
趣味	海外ドラマの観賞

- 海外生活の情報
- 留学の仕方
- 英語学習のスマホアプリの紹介
- 海外ドラマのフレーズで英語学習
- 外国人女性の特徴

このように、具体的なペルソナ設定を行って、ペルソナが喜ぶであろう動画のテーマを導き出すことができます。

3. 更新頻度を保つ

視聴者の多くは、ユーチューブを「習慣」で見ています。テレビ番組と同じように「月曜日の夜7時といえばこの番組」という具合に、お気に入りのチャンネルを見ている人が多いです。

認知拡大のためには、自分のチャンネルを習慣的に見てもらう必要があります。そう考えると、気が向いたときに動画を公開するのではなく、計画的に動画を出していくことをおすすめします。

ペルソナを決めたら、そのペルソナにマッチした動画テーマを洗い出してみましょう。

- どんなことに興味があるのか？
- どんなことにこれから興味を持ちそうか？
- 今悩んでいることは？
- 必要なhow-toは何か？

これからどのような動画を出していくのかを洗い出したら、スケジューリングしていきましょう。「何曜日に投稿するのか」や「週に何回投稿するのか」を決めていくことで、先々の投稿頻度を保てます。

ユーチューブを使った独自コンテンツ販売では、再生数やチャンネル登録者数よりも認知拡大や信頼関係構築が売上に直結してきます。ユーチューブを運営する目的は「広告収入を得るため」ではなく「認知拡大を図ってファンを増やす」ことです。

ペルソナ設定は具体的であるほど有効です。ここで万人受けを意識してしまうと、将来の顧客候補に刺さらず、ぶれてしまいます。

3 信頼関係を構築しセルフブランディングを確立する

商品を購入する際、まったく知らない人よりも、知り合いから購入する方が安心感があります。他人の保険外交員に勧められた保険よりも、顔見知りの保険外交員の方がいいでしょう。

同じ商品でも、知らない人が販売しているのと、友達が販売しているのとでは、友達からの方が購入率は高くなります。これは購買心理に基づいており、背景にあるのは「信頼・信用」です。そのひととなりがわかっていれば「この人が勧めるのだからいい物だろう」という心理が働きます。

ユーチューブの動画投稿者と視聴者は、もちろん知り合いではありません。しかし、動画は大量の情報量を伝えるツールなので、その人のひととなりや人間性をリアルに感じてもらうことができます。それによって、視聴者は動画配信者を「自分の知り合いである」と認識し、信頼感を持つようになります。

このフェーズでは「自分がどのような人間なのか」「信頼するにふさわしい人間か」を徹底的に表現していきます。

ザイオンス効果

信頼関係を構築するのにとても有効なのが「**ザイオンス効果**」です。

ザイオンス効果とは、アメリカの心理学者ロバート・ザイオンスが提唱した心理効果で「**単純接触効果**」ともいいます。

人は何度も顔を見たり繰り返し接触することで、対象の相手に好意を抱くものです。最初は「なんだこの人」と感じても、定期的に動画を見ることで愛着が湧いてくることがあります。何度も耳にして目にすることで、相手のことを理解し始めますし警戒心や不信感なども拭われます。動画を定期的に見ることで「ユーチューブに出てる知らない人」から、知り合いのような意識に変わっていきます。

これを効果的に活用するためにも定期的な更新頻度が必要になります。

返報性の法則

人は何かしてもらったら「お返ししたい」と感じます。これを返報性と呼びます。

ユーチューブで視聴者との間に信頼関係を構築するためには、まずは圧倒的に「視聴者に提供する」ことです。相手にメリットを提供しない人が販売する商品を購入しようと思う人はいません。自分の商品を購入してもらいたいなら、まずは自分から与えなくてはいけません。

ここで提供するものとは「**良質なコンテンツ**」です。

「有料で提供してもいいのではないか」という高品質な動画を無料で公開することに価値があります。

筆者がユーチューブを始めたばかりの頃、筆者の参入していたジャンルでは「根幹的なノウハウは無料で出さない」という通念がありました。そのため、このジャンルでは一般的な概念や曖昧なノウハウを提供する動画が中心でした。

そこで筆者は、本来であれば有料の商品として出すような内容を動画として配信し始めました。差別化と視聴者への提供を意識したのです。

「**有料級のコンテンツを無料で出したら商品が売れないのでは**」という懸念を持つかもしれませんが、結果は逆でした。当時、チャンネル登録者が1000〜2000人といった小規模なチャンネルであったにもかかわらず、商品を発売開始すると瞬く間に50〜60人の申し込みがありました。筆者の商品はオンラインスクールなので、決して単価が安いものではありません。それでもこれだけ申し込みがあったのです。

筆者は、ユーチューブ内やメルマガなどを使った積極的な売り込みなどは一切していません。日頃から「有益なコンテンツを配信していた」それだけです。これこそまさに返報性の法則ではないでしょうか。

双方向コミュニケーション

ユーチューブを通して信頼関係を構築するためには、一方的な情報発信よりも双方向コミュニケーションを意識するのが有効です。

「動画のコメントに返信する」とか「ライブ配信をする」といった施策も素晴らしいです。質問箱やコメントに寄せられた視聴者の疑問点を、次回の動画のテーマにするのもいいでしょう。ユーチューブにはアンケート機能などもあるので、視聴者の声を聞いてみるといいでしょう。

ビジネスモデルの違いに関わらず「自分が何を配信したいか」ではなく「視聴者は何を知りたいか」に意識を向けなくてはいけません。

また、視聴者の要望を捉えるだけでなく、視聴者との距離を詰めるのにも役立ちます。視聴者の立場で考えれば、自分が投稿したコメントに動画配信者から返事があったり、リクエストに応えた動画を作ってもらえたりしたら、喜ぶと同時に親近感や好意を抱くでしょう。双方向のコミュニケーションを取ることで、より濃いファンを獲得できるのです。独りよがりなチャンネル運営ではなく、視聴者ありきの運営をすることで、より深い信頼関係が築けます。

信頼関係を構築していくには、時間がかかります。関係性を築くというのは継続的な行為です。日常的に「視聴者に何かを提供する」姿勢でチャンネル運営をしていれば、自ずと自分自身のブランディング、商品のブランディングにつながります。

筆者が運営する副業の学校では、サービスの品質向上のためにアンケートを取っています。サービスの良かった点・悪かった点に加

双方向コミュニケーションによって、
次の動画のネタを視聴者から直接得る
こともできるわけです。

え「なぜ副業の学校を利用しようと思ったのか」という動機についても触れています。

回答で圧倒的な割合（9割）を占めるのは次のような内容です。

- **「KYOKOさんのスクールなら安心だと思った」**
- **「粗悪なスクールではないと確信した」**
- **「細かく丁寧に指導してくれると思った」**

これがブランディングの力です。

筆者のチャンネルの動画は、台本作成から撮影、編集のどの工程も、熱量を込めて行っています。内容も細かいところまで拾い上げ、丁寧に整理して話をしているつもりです。編集の際も、初心者が理解しやすいようにイラストなどを多用しています。

無料で見られるこれらの動画がベースになって、利用者は商品のクオリティを想像するわけです。

- **筆者という人物**
- **筆者の販売する商品**

これらのイメージは、普段の発言や行動から期待値として結びついているといえます。自分の商品を販売する際は、顧客が抱くこれらのブランディングイメージを裏切らない商品作りも絶対的に必要ですね。

4 「売ってください！」と言われるように売る

必要な人に必要な物を信頼する人が提供するとき、人は値段を気にしません。むしろ「売ってください！」とすら言われるでしょう。

適切なターゲティングをして認知を拡大させ、信頼関係を醸成してブランディングが完成したら、売り込みは必要ありません。

筆者の元にも「コンサルティングしてください」という要望が定期的に届きます（現在はコンサルティングは行っていないのでお断りしていますが）。

販売していない商品を「売ってください！」と言われるのは、ひとえにブランディングの力です。

筆者は、ユーチューブチャンネルを使った大々的なセールスや、商品を購入してもらうための説得を一切しません。**売りたいなら売り込まない**のが鉄則だからです。「本当に必要なときや本当に欲しいときに、自分を思い出してもらえるようにする」それだけです。１６９・１７０ページで紹介したライザップやGATSBYのチャンネルも、商品に関する情報は動画内容に添えてあるだけです。筆者の場合も同様で、各動画の冒頭、もしくは中間の場面切り替え、最後のＰＲ枠に

「副業の学校」について触れているぐらいです。それほど、商品のセールスやPRよりも基盤となる信頼関係が大切だということです。

信頼関係を商品で裏切ってはいけない

1点だけ注意点があります。それは「**商品購入前に培った信頼関係を商品で裏切らない**」ことです。

どれほど動画でいいことを言って信頼を勝ち取っても、肝心の商品の質が粗悪であれば顧客を裏切ることになります。

期待度が低いものが思いのほか高クオリティであった場合、普通以上に好印象を抱きます。しかし、信頼関係に基づき強い期待を抱いて購入した商品が粗悪な品質であった場合、期待した分だけ落胆も強いはずです。

もちろん「商品」の価値は万人に共通ではありません。顧客全員を完璧に満足させられる商品などこの世にないからです。それでも、商売は「誠実さ」だと筆者は思います。

最低でも、無料で出したコンテンツ以上の価値を提供したいものです。

商品購入前に誠実な情報開示を行い、無料試供などを提供できるとより親切です。

ユーチューブは信頼関係を築くのに適したツールなので、視聴者の期待値も高まりやすいことを認識しましょう。「お代を頂く以上、素晴らしい商品を提供する」これが本質であることを忘れてはいけません。

商品を提供してから「欲しいのはこれではなかった」と思われるよりも、すべて開示したうえで納得して買ってもらうことの方が大事です。

ここがポイント

- YouTubeは「認知」「関係性構築」に有用
- 信頼性構築には「圧倒的な提供」を惜しまない
- 「売りたいなら売り込まない」を徹底する
- 醸成した信頼関係を商品で裏切ってはいけない

Column 3

「自社商品」を絶対に用意すべき理由

イケダハヤト

はじめまして。YouTubeチャンネル「**イケハヤ大学**」の学長、イケハヤです。

このコラムでは、ぼくがどのようにしてYouTubeをビジネスに役立てているかを、生々しくお話しさせていただければと思います。

いきなり本題ですが、YouTubeで稼ぎたければ、絶対に「自社商品」を用意すべきです。「イケハヤ大学」のケースでは、

- YouTubeメンバーシップ（月額2,990円）
- 電子書籍（500 ～ 1,200円）
- オンラインサロン（5,000 ～ 9,800円）
- サプリメント製品（5,000 ～ 1万5,000円）

などの商品を用意しています。

これらの自社商品は、多いときで月1,000万円以上の利益を稼ぎ出してくれます。

YouTubeが提供してくれる広告収益は100万円程度なので、自社商品の売上の方が圧倒的に大きい構造です。

YouTubeの広告収益は、理不尽に減額、あるいは収益化自体が剥奪されることが……恐ろしいことに、割とよくあります。

知人のYouTuberも「人工知能の誤判定」で2ヶ月以上、広告収益が止まった経験をしています。ぼくのサブチャンネルも、つい先日約1ヶ月分の広告収益が9割減らされました。YouTube側で、動画に対する無効なアクセスを検出したらしいですが、心当たりはありません……。

チャンネル運営を継続していきたいのなら、広告収益に依存するのは非常に危険です。自社商品を持っていれば、仮に広告がなくなっても、売上がゼロになることはありません。YouTubeチャンネルを運営し続けるためにも、イケハヤ大学は自社商品の開発・改善に取り組んでいます。

自社商品を売るハードル

ビジネスを拡大し、安定させるためには、広告収益に加えて自社商品の開発が必要……ということは誰でもわかるんですが、いざやってみるとなると、なかなか簡単ではないのも事実です。

自分で商品を作ってお客さんに売るとなると、当然ながら、予期せぬトラブルやクレー

ム、風評被害なんかも発生します。

商品を買ってもいないアンチが「こいつの商品を買ったけど、返金に応じない！　詐欺師だ！」というデマを流してくる、なんてことは日常茶飯事です（何度も経験済み）。

純粋にこちらのミスや不手際で、お客様に迷惑を掛けることもあります。大きなミスは経験ありませんが、ヒヤリとする瞬間は頻繁にありますね。

動画から得られる広告収益というのは、よくも悪くも「気楽」なんですよね。

広告なら、お客さんから直接お金を取るわけではないので、大きな責任が発生することはありません。けれど、生殺与奪《せいさつよだつ》はどうしたってGoogle社（YouTube）に握られてしまいます。アルゴリズムが変わった瞬間に、収益が半分になる、なんてこともよくありますからねぇ。

というわけで、大変であること、多少の失敗をすることを覚悟して、ぜひ商品作りにチャレンジしてほしいと思います！

失敗しないための商品設計

失敗は前提とはいえ、無駄な失敗は避けたいですよね。

最初の商品としておすすめなのは「**売り切り型の安価なデジタル商品**」です。

具体的にいえば「**電子書籍**」や「**有料動画**」がいいでしょう。「購入者しか見られない特別な動画を、980円で売る」というレベルなら、すぐにできそうだと思いませんか？

いわゆるオンラインサロン（有料コミュニティ）も選択肢に入れてもいいですが、サロンは「売り切り」できず、そのあとの運営コストが掛かってしまいます。最初の商品としては「一度売ったら、とりあえずそれで終わり」になるものをおすすめします。

Amazonが提供する電子書籍プラットフォーム「Kindle Direct Publishing（通称KDP）」で電子書籍を作るのもいいでしょう。数百円の電子書籍であれば、大きな失敗やトラブルは起こりにくいです。

単品の販売で経験値を積んだら、次は継続型の商品・サービスにも挑戦してみましょう。

YouTube上には、なんといっても「**メンバーシップ**」という仕組みがあります。これはいわゆる「サブスク（サブスクリプション）」で、毎月、継続的にユーザーが利用料金を支払ってくれます。

イケハヤ大学でもメンバーシップを活用しており、1,000人以上のメンバーが継続課金してくれています。コンテンツを提供し続けなくてはいけないのは正直プレッシャーもありますが、事業の安定性が高まり、非常にありがたい収益源となっています。

残念ながら、メンバーシップ制度はすべてのチャンネルが利用できるわけではありません。記事執筆時点では「登録者3万人」から使える機能という公式表記となっています。

（左ページに続く）

ですが、実態としては利用ハードルが下がっており、1,000人程度のチャンネルでもメンバーシップ機能が開放されていることを確認しています。あなたのチャンネルもすでに機能が開放されているかもしれないので、ぜひ一度確認してみてください。

ただ、メンバーシップは手数料が高く、売上から「30%」が徴収されてしまいます。メンバーシップ自体は非常にありがたい機能ではありますが、事業として見ると正直手数料が高すぎるのも否めませんね。イケハヤ大学も、今後は自社決済に移行することを検討しています。

イケハヤ大学では、最近リアル商品の販売にも取り組んでいたりします。OEM業者と連携を取り「NMNサプリメント」を実験的に販売してみました。

反応は上々で、広告費ゼロでサプリメントをバシバシ販売できて驚きました。一般的なサプリメント商品は「価格の3割程度の広告費が乗っている」と言われます。YouTubeなどを活用することで、この広告費をカットし、商品価格を安価にすることができるわけですね。

YouTubeチャンネルを育てておけば、極論、どんなものでも広告費ゼロで販売できます。今後も商品開発を続け「YouTubeチャンネルでリアル商品を売る」ことの可能性を模索していきたいと思います。

YouTubeは「集客」と「顧客教育」のツール

YouTubeは、あくまでマーケティングツールだと理解しましょう。たしかに広告収益も得られますが、それは補足的なもので、事業として見るとそこまでの旨味はありません。また、前述の通り広告収益は安定性にも疑問があります。

YouTubeはまず、集客ツールとして破壊的な力を持っています。

アルゴリズムの追い風を受ける動画をうまく作れば、数十万人の潜在顧客に、なんと無料で情報を届けることができます。

イケハヤ大学の平均的な月間インプレッション（表示回数）は、2,000万回程度です。YouTubeがぼくの情報を、2,000万回も無料で表示してくれているのです。とてつもないことですよね。

加えて、YouTubeは「顧客教育」の場としても有効です。

イケハヤ大学では、ネットビジネスや資産運用についての講義を無料で提供しています。

なぜ無料で提供するのかといえば、みなさんにレベルアップしてもらいたいからです。きれいごとではなく、そうすることで、うちの会社が儲かるからです。

ぼくが有料で販売している商品は、そこそこレベルが高いものが多いです。「パソコン持っていません」「ブログ作ったことありません」という方には、意地悪ですが買ってもらいたくないんですよね……。初歩的なレベルのサポートはしていないので、がっかりさせてしまうことになってしまうんです。

言ってみれば、ぼくにとってYouTubeチャンネルは「義務教育」を行う場です。まずは無料で義務教育を履修してください。その上で、さらにレベルの高いことを学びたければ、うちの有料教材を使ってください！　というわけですね。

うちのサロンには、実際に「無料のイケハヤ大学でネットビジネスを学んで、月30万円稼げるようになったから、サロンに参加しました」という方がいらっしゃいます。レベルが高い人に入ってもらえるとサロンの空気もよくなるので、こちらとしても非常にありがたいです。

これはうちのビジネスの例ですが、みなさんが扱う商品についても「顧客教育」は間違いなく役に立ちます。

まずは無料で「義務教育」を提供しましょう。トラブルを防ぐためにも、有料の商品を売るのは、ある程度レベルが高い顧客に限定すべきです。こうしたマーケティングの流れをデザインするうえで、YouTubeはうってつけのツールといえます。

ぼくのコラムはここで終了です。YouTubeチャンネルを、あなたのビジネスにうまく組み込んでいきましょう！　こんな素晴らしい武器は、そうそうありませんから。

著者プロフィール

イケダハヤト

1986年生まれ。登録者25万人を超えるYouTubeチャンネル「イケハヤ大学」を運営。2015年、高知県の限界集落に移住。山奥でひっそりと、ネットビジネスを中心に生計を立てている。

5時限目
ユーチューブアフィリエイト

他の商品を宣伝して利益を得るアフィリエイトでも、ユーチューブを活用できます。

01 ユーチューブアフィリエイトの仕組みと全体像

1 アフィリエイトって何？

アフィリエイトとは、広告主の販売している商品を自身の媒体（ブログやSNS、ユーチューブなど）で紹介して宣伝し、販売の手伝いをすることです。商品を紹介する人のことを**アフィリエイター**と呼びます。アフィリエイターが自分のブログやSNSなどで商品を紹介し、ユーザーがそれを見て商品を購入した場合、紹介料がもらえるという仕組みです。

アフィリエイト商品は広告主との仲介を行う**ASP**（Affiliate Service Provider）に登録されています（次ページの表）。アフィリエイターは登録された商品から紹介するものを選びます。紹介する商品の広告リンクを取得し、自身が運営する媒体に貼り付けて商品を紹介します。

大手企業もアフィリエイト広告を出して販売促進活動を行っています。

アフィリエイト広告を出している大手企業の例

- DMM
- RIZAP
- オイシックス
- 生協
- ワタミ株式会社
- 株式会社一休
- 株式会社JTB

2 アフィリエイトの仕組み

一般的なアフィリエイトは、次の4つの要素で構成されています。

上場している主なASP

会社名	上場先	証券コード
株式会社ファンコミュニケーションズ (FAN Communications, Inc.)	東証一部	2461
株式会社インタースペース (Interspace Co., Ltd)	マザーズ	2122
バリューコマース株式会社 (ValueCommerce Co., Ltd.)	東証一部	2491
株式会社レントラックス (Rentracks Co., Ltd.)	マザーズ	6045
株式会社アドウェイズ (Adways Inc.)	マザーズ	2489
株式会社フルスピード (Full Speed Inc.)	東証二部	2159
株式会社スクロール (Scroll Corporation)	東証一部	8005

アフィリエイトを構成する要素

- アフィリエイター
- ASP
- 広告主
- ユーザー

いずれの要素が欠けても、アフィリエイトのビジネスは成立しません。海外アフィリエイトの場合はASPが省かれていることもありますが、国内アフィリエイトに関してはASPが大きな力を持っています。

アフィリエイトの仕組みを理解するためには、この4つの役割をまず理解することが大切です。それぞれ4つの役割は、大まかに次のように振り分けられています。

アフィエイトを構成する4要素

アフィリエイター

インターネット上で企業の代わりに商品を宣伝する仕事。個人でもできる広告代理業

ASP(Affiliate Service Provider)

アフィリエイターと広告主との間を取り持つ仲介役のような存在

広告主

主に商品の販売を促進させたい企業、メーカー

ユーザー

Webサイトに訪れる人

各要素の役割

- アフィリエイター：ＡＳＰを経由して広告主の広告を自分のサイトでユーザーに紹介する
- ＡＳＰ：広告主から広告を募集し、アフィリエイターにその広告を紹介する
- 広告主：売りたい商材の広告をＡＳＰに依頼し、アフィリエイターに自分のＷｅｂサイトで商品を紹介してもらう
- ユーザー：アフィリエイターのサイトを経由して、公式サイトへ行き広告主と契約または商品の購入をする

3 アフィリエイトできる広告の種類

アフィリエイトできる広告の種類には、成果報酬の仕組みによって次のような大分類があります。

1. クリック型広告
2. 成果報酬型広告

ユーチューブの広告収入はクリック型広告です。ここでは**成果報酬型**のユーチューブアフィリエイトについて解説します。

成果報酬型とは、広告リンクを通して何かしらの商品を購入したり、サービスの契約が成立するアクションをユーザーが行った場合に報酬が発生するアフィリエイトです。

成果報酬型広告のメリット

成果報酬型広告にもいくつか種類がありますが、クリック型広告に比べて、成果報酬型広告の報酬単価は高いのが一般的です。報酬単価が高いので大きく稼ぐことができます。

成果報酬型広告のデメリット

成果報酬型広告のデメリットは、広告にマッチしたコンテンツ内容（動画内容）が必要なことです。アフィリエイト案件を紹介するために、商品に合った動画を作成する必要があります。

4 成果報酬型広告の詳細

ユーチューブで使える成果報酬型広告には次のような種類があります。

アフィリエイトの流れ

STEP.1 広告主がASPに商材の販促を依頼する

広告主
商品を広めたいから
手伝ってもらえますか？
ASP
おまかせください！

STEP.2 ASPが商材を紹介してくれるアフィリエイターを募集する

ASP
アフィリエイターのみなさん、
この商材はおすすめです！

STEP.3 アフィリエイターがASPを中継して商材広告をYouTubeでユーザーに紹介する

アフィリエイター
この商品良さそう！
自分の YouTube で紹介してみよう！

STEP.4 YouTubeを見たユーザーが広告リンク（アフィリエイト用のURL）をクリックし広告主から商品あるいはサービスを購入する

ユーザー
こんな商品初めて見たわ！
一度使ってみようかしら♪

STEP.5 ユーザーが商材を購入すると、アフィリエイターに報酬が発生する

アフィリエイター
この前紹介した商材から報酬が発生してる！
ユーザーに気に入ってもらえたんだね！

- ＡＳＰ広告
- 楽天アフィリエイト
- Amazonアソシエイト

それぞれ説明していきましょう。

①ＡＳＰ広告

ＡＳＰ広告は、ユーチューブ外部のＡＳＰが提供するアフィリエイトリンクを、動画の概要欄に記載するものです。以前は公式には認められていませんでしたが、最近ＡＳＰ広告を使えるようになりました。

案件の形態もさまざまです。

サービス系や来店案件

無料会員登録１件で報酬１０００円などの案件もあります。クリニックの来店案件などは１件１万円以上の案件も珍しくありません。

物販案件

サプリメントやスキンケア商品、脱毛器具や、食品など、形のある商品を販売する物販の広告もたくさんあります。

比較的紹介しやすいスキンケア商品などでも、1件3000円くらいの案件がたくさんあるので、まとまった金額を稼げる広告タイプといえます。

ASPについては210ページでも詳しく解説していきます。

② 楽天アフィリエイト

楽天アフィリエイトは、大手物販サイト「楽天市場」(https://www.rakuten.co.jp/)で取り扱う商品を紹介するアフィリエイトです。楽天の中にある商品なら無審査ですべて広告として取り扱うことができるんですね。

ユーチューブで利用する場合は、ASP広

● 楽天アフィリエイトの報酬率(https://affiliate.rakuten.co.jp/)

ジャンル別料率一覧

バッグ・小物・ブランド雑貨	8.0%	日本酒・焼酎	8.0%
ビール・洋酒	8.0%	スイーツ・お菓子	8.0%
メンズファッション	8.0%	靴	8.0%
食品	8.0%	インナー・下着・ナイトウェア	8.0%
水・ソフトドリンク	8.0%	ジュエリー・アクセサリー	8.0%
レディースファッション	8.0%	ダイエット・健康	5.0%
美容・コスメ・香水	5.0%	医薬品・コンタクト・介護	5.0%
ペット・ペットグッズ	5.0%	キッズ・ベビー・マタニティ	4.0%
スポーツ・アウトドア	4.0%	カタログギフト・チケット	4.0%
花・ガーデン・DIY	4.0%	おもちゃ	3.0%
インテリア・寝具・収納	3.0%	ホビー	3.0%
キッチン用品・食器・調理器具	3.0%	サービス・リフォーム	3.0%
本・雑誌・コミック	3.0%	住宅・不動産	3.0%
日用品雑貨・文房具・手芸	3.0%	車用品・バイク用品	2.0%
車・バイク	2.0%	CD・DVD	2.0%
腕時計	2.0%	家電	2.0%
楽器・音響機器	2.0%	スマートフォン・タブレット	2.0%
光回線・モバイル通信	2.0%	パソコン・周辺機器	2.0%
TV・オーディオ・カメラ	2.0%	テレビゲーム	2.0%

※上記以外のジャンルは2%となります。

告と同様に概要欄にアフィリエイトリンクを記載します。

比較的一般的な商品が多いため、動画を作り込む必要性は低めです。通常の動画内で使っている商品や愛用品を概要欄でアフィリエイトできるメリットもあります。

ただし、ASP広告よりもかなり報酬単価は低めになります（前ページの図）。

③Amazonアソシエイト

Amazonアソシエイトは、Amazon（https://www.amazon.co.jp/）で販売されているすべての商品を対象にアフィリエイトできる広告システムのことです。Amazonアソシエイトを利用する場合、事前にチャンネルを審査にかける必要があります。

基本的に楽天アフィリエイトと仕組みは同じです。動画の概要欄にAmazon商品のアフィリエイトリンクを貼り付けて紹介するだけです。紹介料率は、ジャンルによって購入代金の最大10％まであります（下図）。

生活に密着した商品が豊富に取り揃えられているので、初

● Amazon アソシエイトの紹介料率例（https://affiliate.amazon.co.jp/）

一般紹介料率

紹介料率	商品カテゴリー
10%	Amazonビデオ(レンタル・購入)、Amazonコイン
8%	Kindle本、デジタルミュージックダウンロード、Androidアプリ、食品&飲料、お酒、服、ファッション小物、ジュエリー、シューズ、バッグ、Amazonパントリー対象商品、SaaSストアの対象PCソフト(*2)
5%	ドラッグストア・ビューティー用品、コスメ、ペット用品
4.5%	Kindleデバイス、Fireデバイス、Fire TV、Amazon Echo
4%	DIY用品、産業・研究開発用品、ベビー・マタニティ用品、スポーツ&アウトドア用品、ギフト券
3%	本、文房具/オフィス用品、おもちゃ、ホビー、キッチン用品/食器、インテリア/家具/寝具、生活雑貨、手芸/画材
2%	CD、DVD、ブルーレイ、ゲーム/PCソフト(含ダウンロード)、カメラ、PC、家電(含 キッチン家電、生活家電、理美容家電など)、カー用品・バイク用品、腕時計、楽器
0.5%	フィギュア
0%	ビデオ、Amazonフレッシュ
紹介料上限(*1)	1商品1個の売上につき1000円(消費税別)

心者には紹介しやすい広告タイプでしょう。

ASP広告、楽天アフィリエイト、Amazonアソシエイトそれぞれ容易さや収益幅の特徴が違います。

ここがポイント

- アフィリエイトは、広告主の商品を自分の媒体で紹介することで報酬を得るビジネス
- YouTubeで使える代表的な成果報酬型広告は、ASP広告・楽天アフィリエイト・Amazonアソシエイト

02 ユーチューブアフィリエイトの始め方

1 ユーチューブアフィリエイトを始める事前準備

ユーチューブでアフィリエイトを始める前に、次の2つを実行する必要があります。

1. ASPに登録する
2. ユーチューブチャンネルの登録申請をする

楽天アフィリエイトとAmazonアソシエイトについては概要を説明し、本書では具体的にASP広告について詳しく解説していきます。

楽天アフィリエイト

楽天アフィリエイトを行うには、楽天アカウントが必要になります。楽天アカウントがない場合は作成してください。楽天アカウントがある場合は楽天アフィリエイト（https://affiliate.rakuten.co.jp/）にログインします。

楽天アフィリエイトにログインできたら、任意の商品を選び広告リンクを取得します。

Amazonアソシエイト

Amazonの商品をアフィリエイトする場合は**Amazonアソシエイト**（https://affiliate.amazon.co.jp/）に登録しなくてはいけません。Amazonアカウントを持っている場合は登録申請に進みます。アカウントがない場合は、Amazonアカウントを作成してから登録します。

Amazonアソシエイトは、登録申請の際に、アフィリエイト広告を貼る予定の媒体を審査にかける必要があります。ユーチューブであればチャンネルのＵＲＬを記載して登録申請をします。この時点で、数本～10本程度の動画が投稿されている状態が望ましいです。新規開設して、まったく何もない状態のチャンネルでは、審査のしようがないためです。

審査に通れば「承認メール」が後日届きます。これで、登録申請時に記載したチャンネルにAmazon商品を紹介できるようになります。

Amazonアソシエイトは利用規約が比較的厳しめです。

・登録申請した際の媒体でのみ商品紹介が可能（変更・追加する際は都度申請が必要）
・Amazonアソシエイト参加者であることを明記すること（ユーチューブであれば概要欄にその旨記載すること）

これらを遵守しましょう。

ASP広告

ASP広告をユーチューブで利用するための手順を解説します。

まずはASPに会員登録をしましょう。ASPはたくさんあります。ASPごとに紹介できる商品が違うことも多いので、複数のASPに登録しておくのがいいでしょう。

・A8・net（エーハチ）　https://pub.a8.net/
・afb（アフィビー）　https://www.afi-b.com/
・accesstrade（アクトレ）　https://member.accesstrade.net/

ユーチューブアフィリエイトでASPを利用する際の会員登録方法は基本的にどこも同じです。

各ASPのサイトでログインし「新規会員登録」から必要事項を入力し登録していく流れになり

● ログイン後「登録情報」からチャンネル URL を追加する（A8.net の例）

● サイトの追加画面

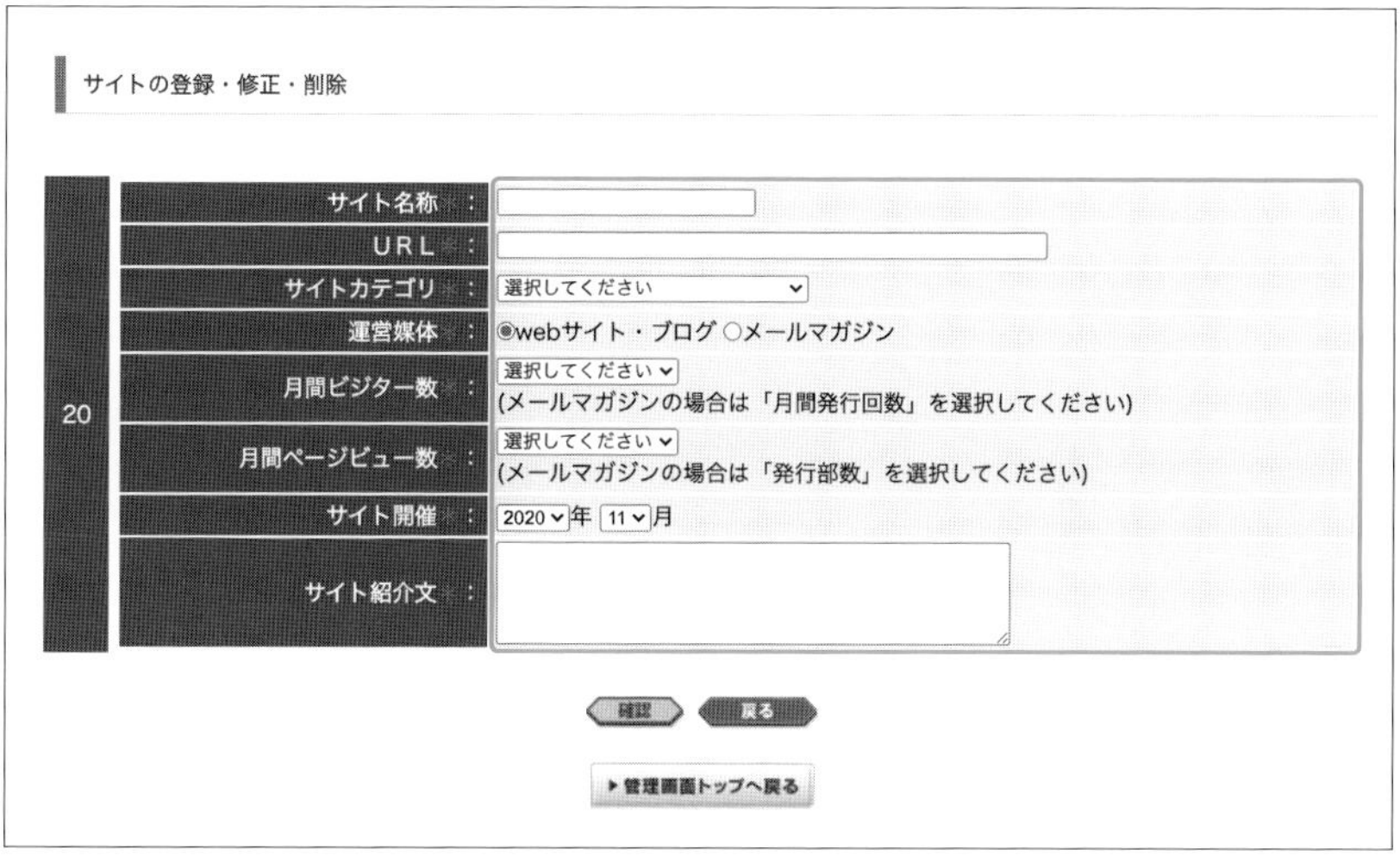

ます。

会員登録の際に、必ず「サイトURL」あるいは「ブログURL」欄があります。そこにユーチューブのチャンネルURLを入力しましょう。すでにブログなどでアフィリエイトをしてASPに登録済みの場合は、その紹介媒体を追加します。「運営媒体」は「WEBサイト・ブログ」にチェックを入れればOKです。

A8・netの例を紹介します。

ログイン後「登録情報」からチャンネルURLを追加します。前ページ上図の画面右上にある「登録情報」の箇所から「サイト情報の登録・修正」を選択し「副サイトを登録する」に進みます。するとサイトの追加画面が表示されます（前ページ下図）。各項目にユーチューブチャンネルの情報を記入し登録していきましょう。

ASP広告も、Amazonアソシエイトと同様に、投稿の際にその動画が「広告動画」であることを記載する必要があります。A8．netでは、タイトルや概要欄あるいはハッシュタグに「**PR投稿**」「**広告投稿**」「**#PR**」などを明記する必要があります。

2 紹介する商品の選び方

事前準備が整ったら紹介する商品を選びましょう。選ぶ基準は次の3つを指標にするといいと思います。

1. **使用したことがある商品やサービス**
2. **動画にすることによって魅力が伝わる商品やサービス**
3. **自分のチャンネルテーマにマッチしている商品やサービス**

すべてを満たしていなくても、いくつか当てはまる商品を選ぶ必要があります。

動画で紹介する場合、実際に商品やサービスを利用している模様を伝える必要があるため「**使用したことがある商品やサービス**」については、必須条件ともいえるかもしれません。まったく使用せずに商品をテキストスクロールや写真などで動画化する方法もありますが、それであればテキストコンテンツで十分です。

ＡＳＰ内には「**セルフバック**」という自己アフィリエイトシステムがあります。物によっては無料入手できるものもあるので、手元にない場合はセルフバックで購入するのもありです。セルフバックの詳しいやり方はここでは割愛しますが、次ページ下の動画で詳細解説しています。

「**動画にすることによって魅力が伝わる商品やサービス**」ですが、ユーチューブで商品を紹介する最大のメリットは、リアリティです。文章や写真だけでは伝わらない動きやニュアンスが、動画だとダイレクトに伝わります。その特性を活かせる商品を選ぶとよりいいでしょう。

例えば、絵や置物のような動きがない商品は「使い方」などの情報は必要なく写真とテキストによる紹介で十分なので、動画で紹介するメリットが少ないでしょう。

視聴者が動画で見たいのは「購入する前に実際に手にとって試してみる経験」です。

- **実際の大きさ・重さは？**
- **使用感や効果は？**
- **細かな性能は？**
- **不便な点や逆に良かった点は？**

自分が試せるわけではありませんが、動画でその擬似体験ができるのが重要ですよね。そういう商品は比較的たくさんあります。

- **食品↓実際の見た目や味の感想、アレンジ法や保存法を実演**
- **家電↓実際に使ってみた効果（掃除機であれば吸引力や機動力など）**
- **化粧品↓テクスチャーやリアルな肌の状態など**
- **実店舗↓行き方や店舗内のサービスや様子など（撮影許可が必要）**

●【やり方】自己アフィリエイトをやれば確実に月 10 万円は稼げます
（https://www.youtube.com/watch?v=lieaGUym7Lw）

他にもいろいろあると思いますが、消費者はできるだけ「商品を購入して失敗したくない！」と思っていますので、それを動画で見せてあげる事で購買への後押しとなります。

本書の冒頭でもご紹介したとおり、商品購入前に動画などで詳細を確認してから購入する人が全体の約40％に上り、その中でもユーチューブで動画を視聴してから購入する人の割合は、59・9％にもなります。

それだけ動画は購買の意思決定に役立っているといえますね。

そして3つ目の「自分のチャンネルテーマにマッチしている商品やサービス」に関してです。

こちらはチャンネルの専門性が重要だとお話したとおり、テーマを乱雑に扱うとチャンネルの成長が期待できなくなってしまいます。

チャンネルの専門性を維持しつつアフィリエイトを行う例

- **化粧品レビューを専門で行うチャンネル（もしくは美容チャンネルの1部としてアフィリエイト用の動画も組み込むなど）**
- **Vlogチャンネル内で生活に密着した商品やサービスを紹介する**
- **ビジネスチャンネルで役に立ったツールや書籍を紹介する**

適当に選んだ雑多な商品をアフィリエイトするチャンネルだと、権威性や専門性も感じられず情報の信憑性にも欠け、視聴者の視点で考えればチャンネル登録もしないでしょう。

基本的に**ＳＮＳは宣伝を嫌います**。ユーチューブも同じなので、個人的にはアフィリエイト主体のチャンネル運営はおすすめしません。

ただし、目的をチャンネルの成長ではなく、検索結果からの流入にフォーカスするのであれば、その限りではありません。検索結果向けのユーチューブアフィリエイトについては２２２ページで後述します。

3 動画内で商品を紹介しよう

商品が決まったら動画内で商品を紹介します。

動画内で商品紹介をするわけでもなく、アフィリエイト用の広告リンクのみを概要欄に張っているケースも見かけますが、それでは商品の魅力が伝わらず、何の訴求もできていません。

アフィリエイトをするのであれば、商品やサービスを動画内で紹介するのは必須です。紹介スタイルは２つあると考えています。

1. 動画1本まるまるアフィリエイト動画にする
2. 動画内でテーマに関連した商品に軽く触れる

「動画１本まるまるアフィリエイト動画にする」は、ユーチューブ検索の結果に動画を表示させて集客したい場合におすすめします。

この動画は宣伝色が強くなってしまいますが、その商品やサービスについてユーザーの知りたい内容を臨場感あふれる動画で紹介することで、ブログなどのテキスト媒体で紹介するよりもコンバージョンにつながる確率が高くなります。

このスタイルの動画の場合、商品やサービスのレビューが基本です。商品であれば現物を見せつつ使うところを見せたり、その経過を見せたりする感じです。サービス系の案件であれば、実際に現地に行ってそのサービスを受けてみるとか、オンライン上の物であれば実際に使ってみる、などです。


「動画内でテーマに関連した商品に軽く触れる」は、動画のテーマはアフィリエイトとは直接関係ないものの、付随する内容としてさりげなく商品紹介をするスタイルです。

例えば、筆者のチャンネルで「感銘を受けた、ビジネスするなら絶対に読んでおくべき書籍5選」というテーマで動画を作ったとします。その動画内で、テーマに応じて有益な本を紹介します。そして「本の詳細は概要欄にリンクがありますのでそちらからどうぞ」としてアフィリエイトリンクを貼れば、視聴者に商品を探す手間を省かせて、むしろ「親切」ですらあります。

このスタイルは、商品よりも動画テーマや演者にフォーカスが当たるので、宣伝色は薄めです。

商品紹介の注意点（表現）

商品を紹介する際は、表現に気をつけなくてはいけません。

化粧品やスキンケア商品、健康食品などは、薬機法に基づいた表現が求められます。例えば、次のような表現方法はできません。

美白になる・若さを保つ・痩せる・ほっそりする・治る・改善される・アンチエイジング・浸透する・しわをとる・白髪予防・疲れがとれる・発毛……など

ビフォーアフターを演出して、シワやシミがゼロになった、という表現もアウトです。効果効能に対して絶対的な表現をすることはできないので注意が必要です。

化粧品やスキンケア商品、健康食品以外でも、誇大表現には気をつけなければなりません。実際のものより著しく優れているような表現は優良誤認に値し、景品表示法第5条第1号に抵触します。具体的にどのように表現するべきかというと「事実に誠実に表現すること」を意識しましょう。売りたい気持ちが強くなり「嘘」をついて商品を紹介すれば、何かしらの法律に触れると思ってください。

4 アフィリエイトリンクの取得と設置方法

ここで、実際にアフィリエイトリンクを動画の概要欄へ設定する方法を紹介します。A8・netの例です（次ページの図）。

● 案件提携（A8.net）

● 取得した広告リンクを動画の概要欄に貼る（https://support.a8.net/as/youtube/ より）

①案件提携

提携したい案件を見つけたら「詳細」を確認し「一括申込み」のチェックボックスにチェックを入れて「提携申請する」をクリックします（前ページ上図）。

「審査あり」の案件であれば、後ほどメールで審査結果が届きます。即時提携案件であれば、申請すればすぐに広告リンクが取得できるようになります。

②広告リンクの取得

提携できたら、該当の案件の「広告リンク作成」からリンクを取得します。

③「広告タイプ」を「メール」に切り替える

広告リンクには各種あります。「メール」を選ぶとメール用の広告リンクが表示されます。

④メール素材内のＵＲＬ部分だけを取得（コピー）する

「https://px.a8.net/svt/ejp?a8mat=……」というＵＲＬ部分が広告リンクです。選択してコピーします。

⑤取得した広告リンクを動画の概要欄にペーストする

④で取得した広告リンクのＵＲＬを、動画の概要欄にペーストします。その際、タイトルや概要欄、ハッシュタグなどで、広告動画であることが明確にわかるように「ＰＲ投稿」「広告投稿」「＃ＰＲ」などと記載しましょう（https://support.a8.net/as/youtube/ より）。

番外編

先ほども触れたように、基本的にはユーチューブなどのSNSでは宣伝は敬遠されがちです。

動画内で軽くおすすめの商品やサービスなどに触れつつも、動画で直接アフィリエイトするのではなく、ブログなどの別メディアに誘導するやり方もあります。

サイトやブログを運営しているのが前提ですが、外部へ誘導する方がマイルドですし、ブログへの集客や、他の記事への誘導にも役立ちます。動画は1つ見るのもヘビーですが、テキスト記事は回遊する可能性が高いためです。

本書ではサイト作成やブログなどのアフィリエイトについては割愛しますが、詳細は筆者のオフィシャルブログやユーチューブで詳細を解説していますので、参考にしてください。

- KYOKOBLOG（オフィシャルブログ）
  https://only-afilife.com/
- KYOKO Business Channel（ユーチューブ）
  https://www.youtube.com/channel/UCF7IKesFOYQb34uzNiuNDqQ

ここがポイント

- ASPに登録してチャンネルの登録申請をしよう
- チャンネルテーマにマッチしつつ使ったことのある商品やサービスをASPから選ぶ
- セルフバックシステムで商品購入できることも
- 薬機法や誇大広告などの表現に気をつけよう

03 ユーチューブアフィリエイトのコツ

1 検索キーワードベースで考える

検索結果（グーグル検索やユーチューブ検索）経由でアフィリエイト用のユーチューブ動画の集客をするためには、動画のテーマを検索キーワードベースで考える必要があります（次ページの図）。最近では商品の購入を検討する際、ユーチューブで商品情報を確認してから購入する人が増えています。そういったユーザーがどのように検索しているかを類推します。

- 「商品名＋効果」
- 「商品名＋使い方」
- 「商品名＋やり方」
- 「商品名＋経過」

● 商品名（サービス名）で調べたYouTubeの検索結果

● 商品の特性で調べたYouTubeの検索結果

商品の特性によって2つ目の絞り込みキーワードは異なるかもしれません。このように、検索キーワードをベースに動画のテーマを考えていくやり方があります。想定した検索キーワードを、動画のタイトルに含ませてタイトルを付けることで、検索にヒットしやすくなります。

前ページ上図は「ミュゼ」(脱毛サロン名)でユーチューブ検索した結果です。「ミュゼ」と「脱毛」「効果」という関連キーワードをタイトルに使った動画が表示されています。このように「ミュゼ」という脱毛サロン名で検索した人は、1番上に表示されている動画を見る可能性が高いでしょう。

さらに、商品名やサービス名以外のキーワードでも、検索経由で集客できます。例えば、黒ずみをケアできる商品を紹介する場合であれば「黒ずみ　クリーム」や「黒ずみ　小鼻」といったキーワードがタイトルに含まれる動画を作るといいでしょう。

キーワード選択のコツ

キーワードの選択方法で、簡単なのは次の2つです。

- YouTubeサジェストから選ぶ
- ツールを使う

83ページでも紹介したYouTubeサジェストは、ユーチューブの検索窓にキーワードを入力した際に、補足として表示されるキーワードです。サジェストは「提案」という意味で、入力キーワードに関連するキーワード（よく検索されているキーワード）が表示されます。

ユーチューブの検索窓に任意のキーワードを入力し、スペースキーを押すとサジェストキーワードが表示されます。下図では「黒ずみ」のサジェストキーワードが表示されていますが、これらは特に需要が強い要素です。サジェストキーワードを見ると、黒ずみについてユーチューブで検索する人は次のようなことに関心があると類推できます。

- **「小鼻の黒ずみについて知りたい」**
- **「角栓の黒ずみを解消する方法を知りたい」**
- **「脇の黒ずみ対策を知りたい」**

これらのキーワードをタイトルに使い、そのテーマで動画を作り、動画内で適切に商品を紹介します。

次はツールを使う方法です。77ページでも紹介したラッコキーワードは、関連キーワードを洗い出せる大変便利なツー

YouTube サジェスト

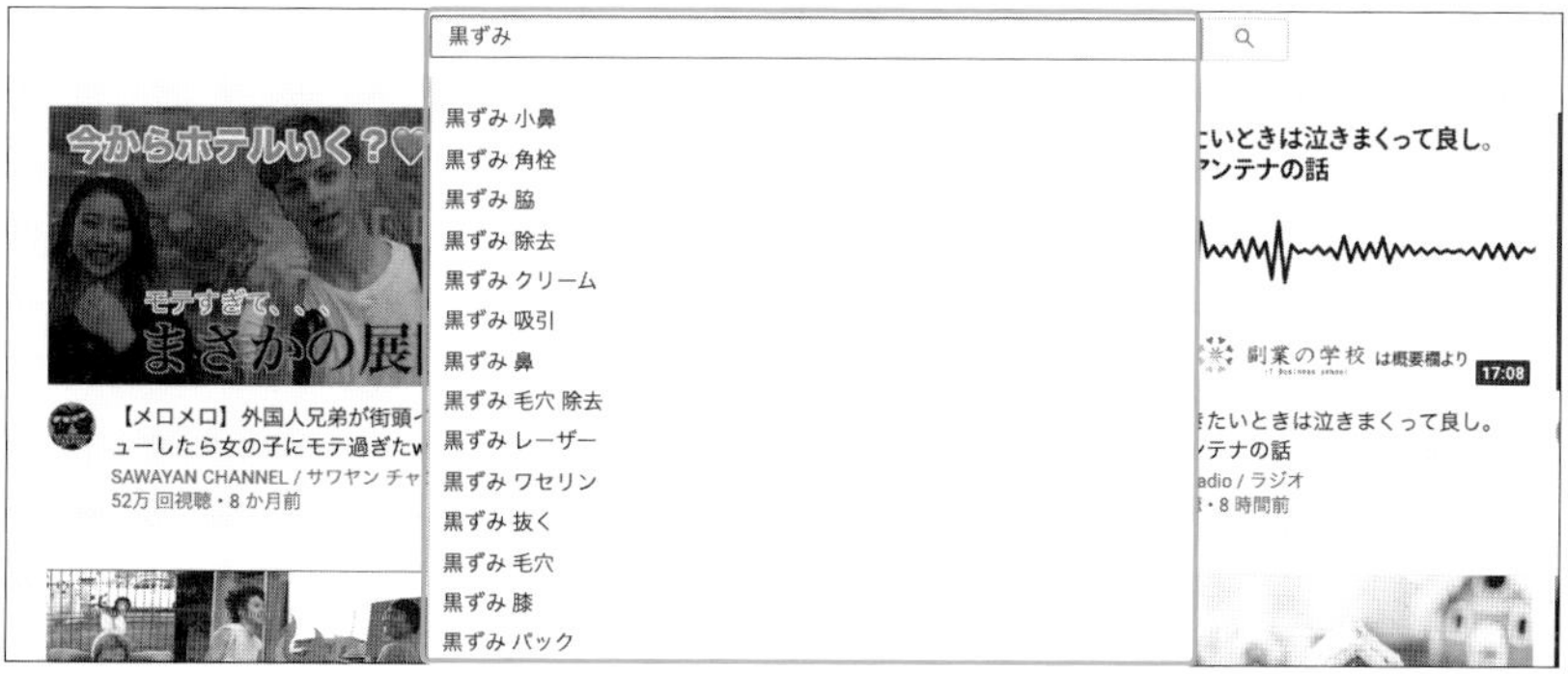

ルです。検索窓へ「黒ずみ」と入力すれば、それに付随する複合キーワードがざっと表示されます。

ラッコキーワードはさまざまなサービスのサジェスト情報を収集しています。上のタブのユーチューブアイコンに切り替えれば、ユーチューブのサジェストキーワードを見ることができます。

2 検索結果で上位表示させる

目標キーワードをタイトルに含めてそのテーマで動画を作成すれば、検索結果の上位に必ず表示されるのかといえば、必ずしもそうでもありません。

この例では「黒ずみ」でユーチューブ検索した際に、自分の動画が一番上に表示されるのが理想的です。

しかし「黒ずみ」という単語にはさまざまな意味が含まれています。この単語だけで検索する人が求める情報は何でしょうか。ざっと考えただけでも、

● ラッコキーワード（https://related-keywords.com/）

次のような可能性があります。

- **黒ずみの原因**
- **黒ずみを治す方法**
- **黒ずみにおすすめのスキンケア商品**
- **毛穴の黒ずみ**
- **小鼻の黒ずみ**
- **脇の黒ずみ**
- **デリケートゾーンの黒ずみ**

ユーチューブ検索への対策は、一般的なSEO対策と共通点があります。SEO対策では、キーワードに対する関連性と情報の網羅性が重要と言われています。

つまり「黒ずみ」でのユーチューブ検索結果とグーグルWeb検索結果で上位表示させたい場合、そこに包括されるすべての検索意図を網羅する必要があるというわけです。

今回の場合、先に挙げたそれぞれに動画を分けて作る必要があるのです。

例えば筆者の場合であれば「副業」というキーワードでグーグルWeb検索やユーチューブ検索の上位に表示させるため、副業関連の動画を26本投稿しています。

意味合いの広いキーワードは月間検索ボリューム（1ヶ月にどれぐらい検索されるか）も高く、

そこに内包されている検索意図も数多くあります。そのため、攻略には関連する複数の動画を作る必要があります（下図）。

そこを追求すれば、必然的にチャンネルの専門性も高まるということにもなりますね。

ちなみに、ユーチューブでは新規の動画は検索キーワードで上位表示されやすい傾向にあります。ただしそれは一時的な現象で、きちんと条件を満たしていなければ時間とともに下がっていきます。

● 筆者のチャンネル内の「副業」関連の動画

副業
動画（26）　すべて表示
5:10
副業で高い確率で失敗する人のチェックリスト「該当したら稼げ…
▼副業の学校▼ https://fukugyou-gakkou.jp/ 今回の動画では、副業しても高い確率で失敗するであろう人の特徴をリスト化していこうと思い…
2020/09/13
公開日
15:05
【副業始めて2週間】会社員でも個人で稼げました
今回は副業の学校受講生のちっきーさんと対談を撮りました。 ちっきーさんはサイトアフィリエイト講座とWEBライター講座を受講中です。…
2020/07/14
公開日
あなたの副業
バレますよ
10:40
副業禁止の会社でも副業がバレないやり方「バレるのは2パターン…
今回は副業禁止の会社に勤めていながら、バレずに副業をする方法について解説していきます。 こんなことというと違法なことのように感じて…
2020/05/28
公開日
コレを外すと
失敗します
11:09
【月5万】おすすめのネット副業の選び方「詐欺に気を付けろ」
今回はネット副業の種類について解説します。 副業解禁を受けて、更に最近の情勢から【自宅で稼ぐ】事に高い注目が集まっています。 「な…
2020/05/23
公開日
月20万!?
16:08
【コロナ禍】在宅副業で月20万円！？【リモートワークで高収入】
副業の学校の受講生のまりえさんと対談を撮りました。 まりえさんはシングルマザーで在宅ワークで本業がある中、副業という形でアフィリエ…
2020/05/07
公開日

狭いキーワードの動画の場合

ピンポイントで狭いキーワード（動画テーマ）ではどうでしょうか。

例えば、商品名などのキーワードであればかなり絞られてきます。商品名と関連キーワードで検索する人は、すでにその商品のことを知っていて、補足的に何かを知りたい人に限定されるからです。

このように、検索ユーザーの知りたいことが限定されるほど、内包される検索意図は少なくなるため、作るべき動画の数も少なくて済みます。

下図は洗顔料「どろあわわ」のサジェストキーワードですが、これを見るとその効果や使い方、あるいはどろあわわのCMについて知りたい人が多そうです。

考え方はいろいろあるので正解は1つではありません。ただ、筆者なら「どろあわわを使ってみた！　泡洗顔の効果でニキビや毛穴はどうなった!?」といった内容の動画を1本だけ作ります。

- ニキビや毛穴に対する効果
- 泡立て方などの使い方・洗顔方法

● 商品名「どろあわわ」のサジェストキーワード

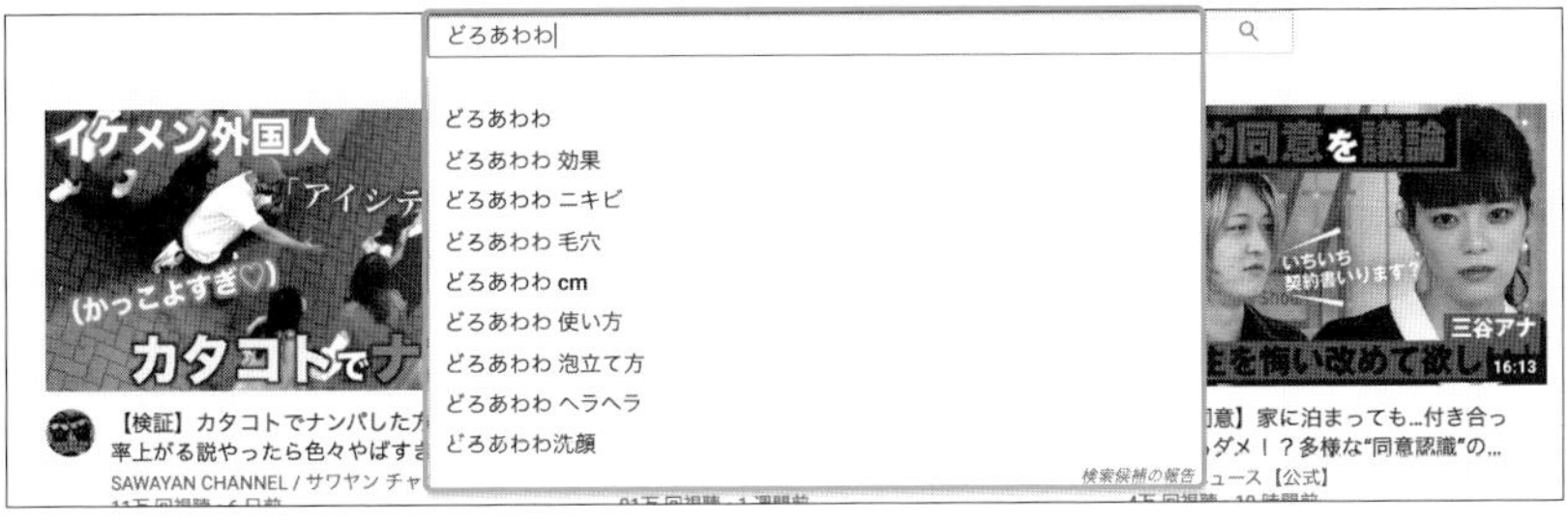

これらをレビュー形式にして動画内で表現すれば、検索ユーザーの知りたいことをすべてカバーできます。

もちろん「どろあわわを使った効果に関する動画」「使い方に関する動画」と分けて作成してもいいでしょう。

一般的なキーワード（先に挙げた「黒ずみ」など）と違い、検索意図が絞られているため関連動画の作成本数が少なくても、網羅的に情報を提供できるのです。

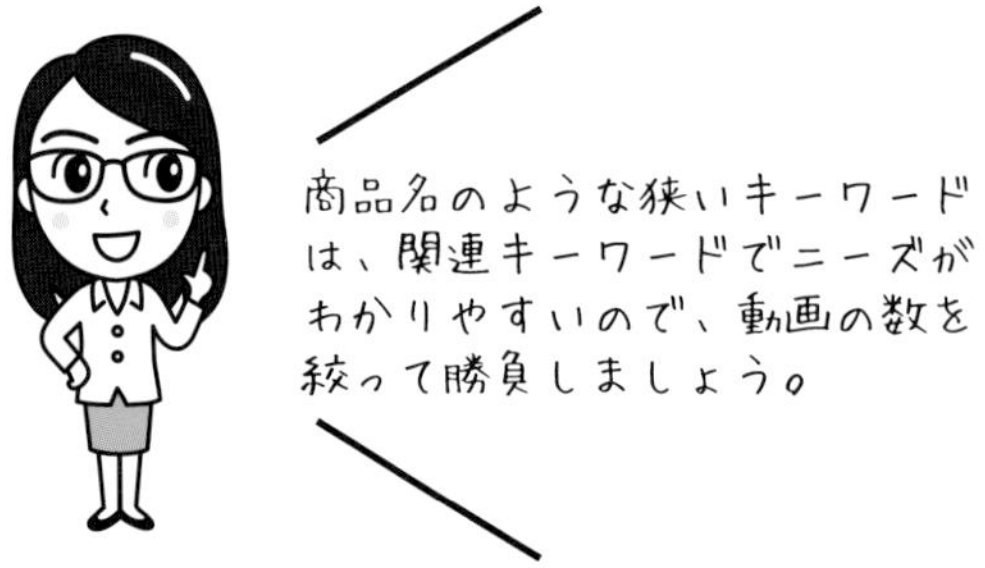
商品名のような狭いキーワードは、関連キーワードでニーズがわかりやすいので、動画の数を絞って勝負しましょう。

3 選べるなら高単価案件を選ぶ

ユーチューブを使ったアフィリエイトで稼ぐためのコツとしては「**高単価案件を選ぶ**」というものもあります。なぜなら、動画作成に費やした労力と稼げる金額は比例しないからです。単価の安い案件を紹介するのも、高単価案件を紹介するのも、動画を作る大変さは同じだということです。

楽天やAmazonの商品であれＡＳＰ案件であれ、報酬単価が安くても高くても動画制作までの過程は同じです。それであれば、報酬が高いものを選ぶべきです。

ただ一方で、稼ぎたい気持ちだけでむやみやたらに高額報酬の案件を紹介しまくるのはやめたほうがいいでしょう。筆者も長くアフィリエイトを行っているので、アフィリエイト報酬を高単価に設定している悪質なサービスや商品が結構あることは知っています。そのようなサービスや商品に送客して、ユーザーに不利益をもたらしてしまえば信用を損ないます。

商品を紹介したり販売したりする際は、次のことが大事です。

- **売りたい気持ちを全面に出したＰＲで物は売れない**
- **売上を上げたければデメリットを開示せよ**

高単価案件が大きな利益をもたらすことは事実ですが、それだけを目的にゴリゴリ商品を紹介してしまうと、信用を失うどころか成約もおぼつかなくなります。

例えば、1件送客すると1万円の報酬がもらえるプライベートジムの案件があったとします。そのサービスのアフィリエイトをしたいが、あなたはまだそのサービスを使ったことがありません。

その場合は、実際にそのサービスに申し込んでみて、良かったところ・悪かったところを誠実に開示して動画にしましょう。

売りたいがためにデメリットを隠して紹介したり、実際にサービスを使わず適当に静止画を流すようなアフィリエイト動画を作っても売れません。

すでに愛用している商品や利用しているサービスがあり、それがＡＳＰや楽天・Amazonでアフィリエイトできる場合、単価の低いものよりも単価の高いものを紹介する動画の方が、同じ労力でも稼げる金額は大きいというわけです。

ここがポイント

- 検索結果経由で集客するならキーワードベースで動画テーマを考えよう
- 検索ユーザーの検索意図を網羅しよう
- デメリットも隠さず解説することを心掛けよう

6時限目
ユーチューブで挫折しないための心構え

YouTubeで成功するには継続が大事。継続を妨げるさまざまな要因への対処を解説します。

01

最大の苦難は「続けられない」こと

1 片手間で稼げるわけではない

「ユーチューブでビジネスをする」とか「ネットを使ってお金を稼ぐ」と聞くと、なぜか簡単に楽に稼げると連想する人が多いです。なにか誰も知らない裏技のような方法があって、それをすれば「少しの作業で大きく稼げる」みたいに思うのでしょうか。

ユーチューブを含めて、インターネット上でお金を稼ごうと思えば、大きく分けて2つの稼ぎ方があります。

- **スキルを販売するスタイル**　↓Webライターや Webデザイナー、動画編集など
- **仕組み構築スタイル**　↓アフィリエイトやブログ、ユーチューブなど

前者は継続はあまり関係ありません、即金性がありますからね。

後者は、仕組みづくりをしなくてはいけません。ブログで稼ぐ場合などでは「まずは100記事」などと言いますよね。100記事投稿してそこがスタート地点という意味で、100記事書いたら稼げるという意味ではありません。

稼ぐためには「継続」は必須

これはユーチューブも同じです。積み重ねてきた努力が、まるで貯金箱に貯金をするかのように蓄積し、やっと資産になるといったイメージです。

筆者も、削除してしまったものを含め、動画は今まで500〜600本くらい投稿しています。チャンネル運営歴も3年ちょっとあり、結構継続しているほうですよね。

本書で解説してきたどのような稼ぎ方でも「継続は必須」です。YouTube広告で稼ぐのであれ、独自コンテンツを販売するのであれ、YouTubeアフィリエイトであれ、1本動画を投稿するだけで稼げるとか、気が向いたときに時々投稿するだけで稼げるといったものではありません。

よく考えればわかると思います。筆者を含め、ユーチューブの構成や作成・編集に命をかけている（それは言い過ぎかもしれませんが……）チャンネル運営者が山ほどいるわけで、軽い気持ちで時々投稿するだけでは勝てるわけがありません。

稼ぎたい金額は人によって違うので「人生を賭けて命がけでユーチューブに取り組まないと一切稼げない」というわけではありません。しかし、ユーチューブでビジネスをするためには、稼ぎたい金額に関係なく、E-A-T（専門性・権威性・信頼性）を向上させ、チャンネルステータスを上げていく必要があります。これらのステータスを上げていくためにも、継続することが必須なのです。

YouTubeパートナープログラム登録条件（チャンネル登録者数1000人・総再生時間4000時間）に達するためにも、自分の商品あるいは他人の商品を紹介するにしても「信頼」されていなければ稼げませんからね！

何度も触れていますが、更新頻度を保つことで視聴者のチャンネル視聴が習慣化し、再生回数も安定的に増えていきます。さらに、更新頻度が高いチャンネルほど登録者数の増え方はぐっと上がります。

趣味でユーチューブをやるならいいのですが、ビジネスとしてお金を稼ぎたいのなら、このような理由から**「継続」は最重要事項**だということを心得ておきましょう！

2 挫折してしまう最大の原因は？

ユーチューブでビジネスをしようと参入して、実際に稼げるようになる人は、おそらく10人いたら1人ぐらいの割合でしょう。残りの9人は、収益を手にする前に動画の投稿をやめてしまうはずです。なぜユーチューブは続けられないのでしょうか？　挫折してしまう原因は大きく分けて2つあります。

- ユーチューブ投稿のハードルが高すぎる
- 理想と現実のギャップ

ユーチューブ投稿のハードルが高すぎる

ユーチューブへ動画投稿する際の労力が大きいほど、継続が困難になります。ほとんどの人は、本業がある中、限られた時間でユーチューブを始めるはずです。慣れない撮影や、機材・編集にかけるお金もままなりません。時間的にも余裕はないでしょうし、労力的にも金銭面的にもユーチューブを続けるための負荷がかかりすぎてしまうのですね。

もちろん、楽して稼げるわけではないので「努力する」「頑張る」といった意識は必要です。ですが、高負荷な努力を長く続けられるほど、人間は強くありません。

睡眠時間を削り、少ない資金の中から機材や編集にお金をかけ、頭がヒートアップするほど考え抜いて動画を投稿する……。それを数ヶ月または年単位で継続することがどれだけ難しいことなのか想像にたやすいはずです。

理想と現実のギャップ

誤解を恐れずに言うのなら、ユーチューブを続けられない人は「割と楽に稼げる」「楽しみながら稼げる」「好きなことで生きていく」……と、このようなイメージで始めているように思います。「開始から半年後には月5万円くらい稼げるようになり、1年後には会社を辞めよう！」などの夢を抱いている人もいるかもしれません。

別にそれが悪いというわけではないのですが、継続できない大きな理由の1つとして「理想と現実のギャップが大きすぎる」という点が挙げられるかなと思います。

筆者のところにもユーチューブに関するお問い合わせがちょくちょく来るのですが、その内容から見ても明らかです。

- **「頑張って投稿しているのですがなかなか再生されません」**
  ↓見てみるとまだ10本しか投稿していない
- **「3ヶ月も継続しているのにYouTubeパートナープログラムの審査条件を満たせていません」**
  ↓1週間に1本しか投稿していない
- **「高品質な動画を出しているのに反応が取れない・ファンがつかない」**
  ↓自分の話したいことしか話していない動画だった（※高品質な動画とは視聴者の知りたいことに答えている動画であり必然的に反応が取れるはず）

「頑張っている」「努力している」の基準が「1週間に1本の投稿」や「数ヶ月続けること」では想定違いということなのです。

そのような心づもりでユーチューブに参入してしまうと「あれ!? こんなに労力かけて頑張ってるのに全然再生されないぞ……」「こんなに時間を使っても、誰にも見られないならやめたほうがマシだ」となってしまうわけです。

3 ユーチューブを継続するための方法論

それではユーチューブを継続するためにはどうすればいいのでしょうか。

1. 目標を高く持ちすぎないこと
2. ベビーステップを踏むこと
3. 最初は質より量を意識

この3つを意識することでかなり継続しやすくなるはずです。1つ1つ解説していきましょう。

目標を高く持ちすぎないこと

「半年後に月収10万円を達成する」のように、大きすぎる目標は挫折の原因になります。どれぐらいが適切であるかは個人差があるのでわかりませんが**「1年後に月収益5万円稼げるようになる」**くらいが現実的かなと思います。もちろん、ユーチューブの収益化スタイルや作業量によって、早い段階で稼げるようになる人もいるでしょうし、もっと大きな金額を稼げるようになる人もいるはずです。

「たった5万円か……」と感じる人もいるかもしれません。しかし、ちょっと考えてみてください。**会社に勤めつつ1年間で給料を5万円上げるのは、とてつもなく大変なことです。**

理想と現実のギャップが開きすぎないようにするためにも、目標は低めに見積もっておくのが得策です（心の中で、大きな志を持つのは大いに結構です!!）。

本筋とは離れてしまう考えかもしれませんが、ユーチューブをやる目的を、最初の頃は「稼ぐ」ではなく「楽しむ」にフォーカスを合わせると、目標達成しやすいでしょう。

「楽しんでやっているうちに、いつの間にか稼げてしまった」これが苦しまずに稼ぐ唯一の近道だからです。

ベビーステップを踏むこと

継続するためには、細かく達成感を味わうのも大事です。打っても響かない鐘を延々と打ち続けるのは拷問級に辛いことですからね。

最初から高みを望みすぎると、達成感を味わうどころか「できない自分」を何度も突きつけられる状態になるのです。

- **「この動画で1万再生狙おう！」**
  ↓最初のうちは再生回数1桁が普通
- **「初月で収益化条件クリアしてやるぞ！」**
  ↓初月でクリアできるのはベースの知名度がある人くらいです
- **「毎日更新するぞ！」**
  ↓毎日更新は思ったより重労働

もし登山を始めるなら、富士山から挑戦する人は多くないですよね。まずは近場の山を登るはずです。それも、体力作りから始めて登山の基礎を学び、アウトドア店で装備を整えてから挑戦するでしょう。

ユーチューブも同じです。段階を踏むことが継続につながります。

- **撮影できた！**
- **アップロードできた！**
- **10回再生された！**
- **登録者が10人になった！**

小さなことで「やった！」と思えること（楽しむこと）で、次はもう少し高いレベルの目標に挑戦し、達成感を味わいつつ進んでいく。こうすることで、圧倒的に継続力は上がっていきます。

最初は質より量を意識

「質か量か？」と問われれば、稼ぎたいのであれば最初は量を意識するべきです。

「量は質を凌駕する」と言われますが、まさにその通りです。「質とはなにか？」を語るにはそれ相応の量をこなす必要があり、またその過程で質も上がってくるからです。

例えば、更新頻度を1ヶ月に1回で継続したとしても、あなたのチャンネルが視聴者に認知される日はかなり遠いでしょう。「質」という面で考えたとしても、この作業量ではクオリティアップまでの時間はかなりかかると考えられます。なので、最初はチャンネルの認知度を上げるためにも、質は横に置いてある程度の更新頻度を保つのをおすすめします。

理由は3つです。

1. 撮影に慣れるため
2. ユーチューブを習慣化するため
3. ユーザーに認知してもらうため

継続できないのは「慣れていない」からです。

慣れていないから、撮影に恥ずかしさが出たりするのです。最初は無編集でもいいですし、スマホで撮ってもいいと思います。みな最初は下手なのですから、そこは気にしなくても大丈夫です。筆者の初期の動画を見てもらえばわかりますが、編集も微妙ですし喋り方もいまいちです。何百本も撮るうちに慣れてきたのです。

とにかくベビーステップ（赤ん坊の歩みのように少しずつ上達すること）を意識して、自分に負担の少ないところから、量を意識して始めてみると意外と継続しやすいと思います。

ポイントとしては、最初は結果（稼ぎ）は求めないことですね。

ここがポイント

- YouTubeで稼ぐためには継続が必須
- 「楽に稼げるはず」という理想で始めても、稼げない現実とのギャップで継続が困難に
- 最初は稼ぎを求めず、無理の少ないやり方で量をこなそう

02 ネタが見つからないときの対策

1 ジャンルの性質を考える

ネタ切れを起こさないためには、最初のチャンネル設計の時点で、テーマの広がりがあるジャンルであるかを見極める必要があります。

「最初はニッチなジャンルの専門家を目指すべき！」と解説してきましたが、広がりがないジャンルであればすぐにネタ切れを起こしてしまいます。

例えば「カブトムシ」についてのYouTubeチャンネルを開設したとしましょう。「カブトムシ」という超ニッチなジャンルで情報を網羅したら次はどう広げるでしょうか。「昆虫」や「虫」が同系テーマの拡大ジャンルになるでしょう。「カブトムシ」では動画を10本出してすべての情報を網羅したのに対し「昆虫」や「虫」ならまだまだ動画のネタはありそうです。

しかし、それ以上広げるとなると、少しずつテーマがずれてしまう恐れがあります（「動物」など)。そして、同系テーマで最大までスケールさせたとしても、このテーマだとチャンネル登録者数は5万人あたりが上限ではないでしょうか。

自分の参入ジャンルの伸び率を推測する方法

自分の参入ジャンルで、どれぐらいまでチャンネル登録者数を伸ばせるかは、そのジャンル内のライバルたちを見れば大体わかります(次ページの図)。ユーチューブの検索でジャンル名を入力し、「フィルタ」をクリックして検索対象のタイプを「チャンネル」にして検索すると、そのジャンルのチャンネルが表示されます。

例では「アフィリエイト」で検索しましたが、有益なチャンネルでも登録者1万人前後。ほとんどのチャンネルが1000人に満たない状態でした。

10万人を超えているのは筆者のチャンネルと、ブロガーのマナブさんのみです。理由は明白で、すでに「アフィリエイト」より大きなテーマ(「副業」「ビジネス」など)を発信しているからです。

このように、さまざまなジャンルで検索してみましょう。ジャンルの上位層、中間層、下位層のチャンネルで規則性が見いだせるはずです。

何段階にも広げられるジャンルであれば、動画のネタはいくらでもあるので、ネタ切れは起きません。では、どうやって広がりのあるジャンルを選べばよいのでしょうか。

筆者の私見ですが「最終着地点から逆算して、最小のジャンルから取り組む」という方法が有

● 検索窓にジャンル名を入力する（例では「アフィリエイト」）

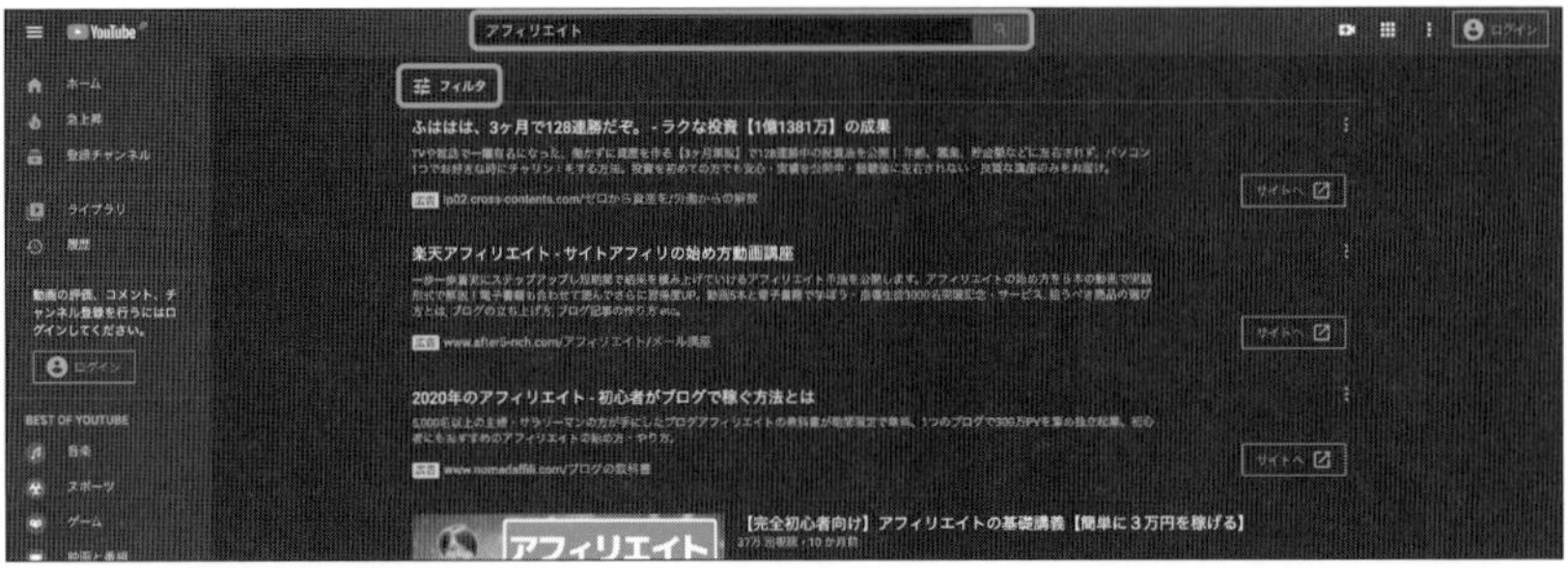

●「フィルタ」で検索対象のタイプを「チャンネル」に変更して絞り込む

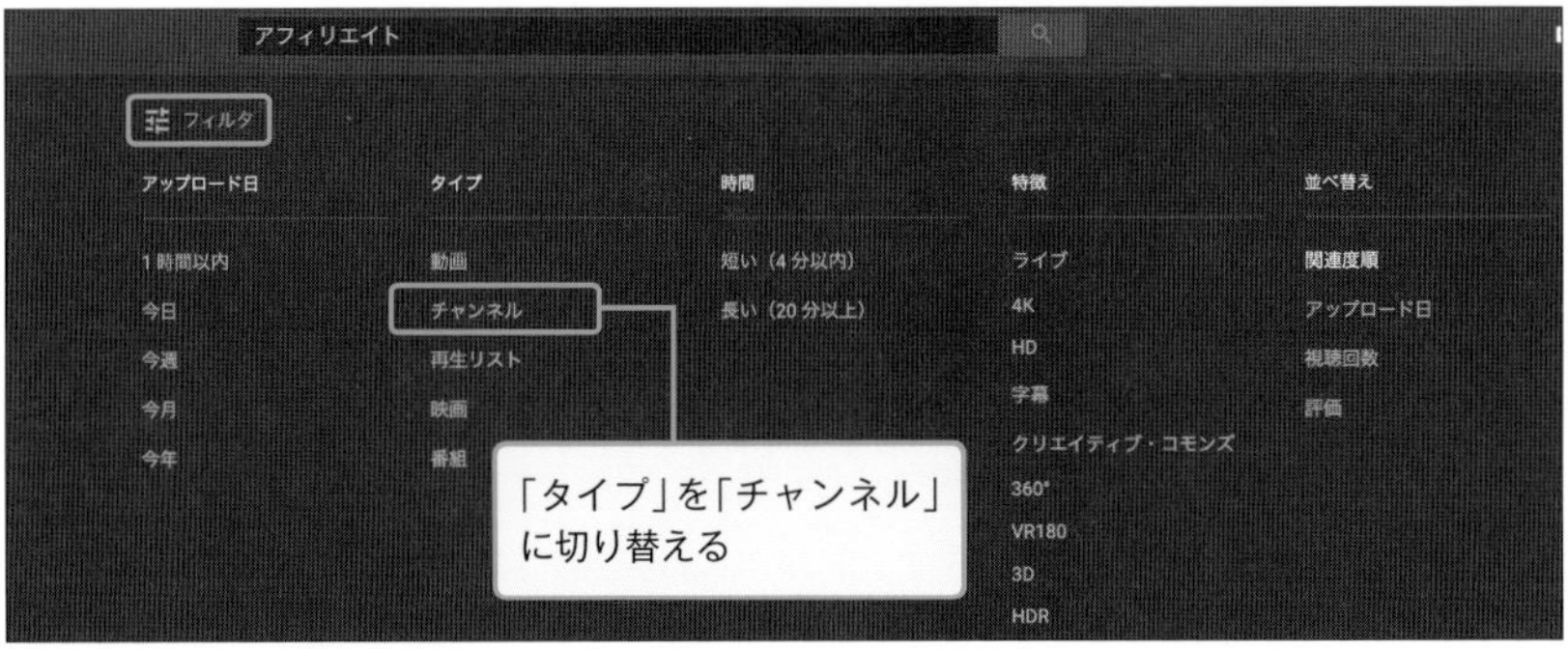

● チャンネル登録者数を確認する

効だと考えています。例えば、最終的に「ダイエット」の大ジャンルまでスケールさせたいと方針を立て、そこへステップアップする道筋を逆算して事前に計画を立てるわけです。

筆者はダイエットジャンルにはあまり詳しくありませんが、次のような感じで1つずつの段階をコンプリートしていきます。

1. 最初は「美尻」に特化
2. 「脚やせ」まで広げる
3. 「食事制限」に関するテーマも取り入れる
4. 「有酸素運動」に関するテーマも取り入れる
5. 「筋トレ」に関するテーマも取り入れる
6. 「ダイエット」全般の話もし始める

「美尻」で発信できるネタは限られているかもしれませんが、広げていくほど動画のネタは増えていきます。

チャンネル設計の段階でこの方法を意識している人はあまり多くないと思いますので、ぜひ参考にしてみてください。

2 キーワードからネタを選ぶ

5時限目の03で解説した通り、キーワードベースで動画のネタを選ぶと、比較的ネタ選びに困りません。さらにキーワードベースで動画のネタを選べば「自分の話したいことを自己中心的に発信する」ことを防げます。キーワードは検索ユーザーの悩みの声なので、そこから動画のネタを選択していけば、必然的に検索ユーザーの知りたい情報を提供する形になるからです。

逆に、自分の欲求で動画のネタを考えていくと、いずれはネタ切れになるのは当然です。物事の本質は1つしかないため、1つのことを解説するのに無限にネタがあるわけではないからです。ジャンルを広げていけば、軸になるキーワードも変わっていきます。それだけ拾えるネタも増えていくことになります。

3 人気のテーマから

動画のネタを選ぶ際の基準として「人気のテーマに寄せて作る」というものがあります。これは、関連動画に載る施策にもなります。ユーチューブはグーグルのプラットフォームですが、アルゴリズムとしては、似ているようでSEOとはちょっと違う部分があるんですよね。

SEOは順位の奪い合いです。誰かが1位になれば別の誰かが2位になります。これは競争の世界ですよね。

しかし、ユーチューブは違います。そのとき人気があるテーマで動画を作ることで、関連動画同士お互いの関連に載りあうことができます。ユーチューブの鉄板ネタである「スライム風呂」などもたくさんのユーチューバーが同じテーマで動画を配信しています。

ある人のスライム風呂の動画が再生されれば、その動画の関連は他の誰かのスライム風呂の動画が表示され、お互いに再生数を助け合う形になるのです。

そのため、自分が参入しているジャンルの配信者の動画は日頃からよく見ておき、人気のテーマに自分も乗るのはいい戦術でしょう。

極端にチャンネルレベルが違う、あるいはジャンルが違う動画は関連に載りにくい

ただし注意点が2つあります。

1. 同レベルのチャンネルに照準を合わせる
2. 別ジャンルの動画テーマはやらない

関連動画の表示アルゴリズムとして、極端にチャンネル格差のある動画には関連に載りにくいようになっています。

例えば、筆者がメンタリストDaiGoさんの人気動画のテーマで動画を撮っても、多分関連には載りません。DaiGoさんは記事執筆時点でチャンネル登録者数約２３０万人であるのに対し、筆者は約10万人です。

もしテーマを寄せるのであれば、同等かそれ以下のチャンネル内で人気の動画に寄せる方が、関連枠に載る確率が高いでしょう。全く畑違いのジャンルのチャンネルの人気動画に寄せても、やはり関連動画に載るのは難しいでしょう。ビジネス情報を発信している筆者が「スライム風呂」の動画を撮っても、おそらく誰も興味がないでしょうし、興味がないということはクリックもされず視聴維持率も低くなります。ユーザーエンゲージメントの低い動画はおすすめや関連動画に出にくくなるため、やはりあまりいい施策とはいえません。

そのため、人気の動画テーマに寄せる場合は、この2点に気をつける必要があります。

なお「テーマを寄せる」のはＯＫですが、中身までまったく同じにするのはいけません。マナー違反です。そのテーマについて自分なりの思ったことや、自分が提供できるコンテンツを作るのが大切ですね。

4 過去の人気動画のリメイク

ネタ切れ対策の1つに、自分のチャンネルの**過去の人気動画のリメイク**があります。

継続して育ててきたチャンネルには、パワーが蓄積されていると筆者は考えています。チャンネルのパワーが育っていなかったころの動画は、ヒット作でも再生回数はそれほど伸びていません。しかし、チャンネルが1万人、2万人、3万人と増えていくにつれて、ヒット作の基準も変わってきます。チャンネル初期では1万回再生されればヒット作でした。最近のヒット動画は一週間に14万回再生のものもあります。

その観点から、過去のヒット作はどんどんリメイクして更新するといいでしょう。

弱小チャンネルのときに人気があったネタであれば、パワーが育った今はもっとたくさんの人に見てもらえるはずです。あるいは、過去に配信した人気動画を別の角度から深掘りして再度撮り直すのもすごくいいです！「○○について3つの解決策を徹底解説！」という動画が過去に人気だったのであれば、その3つの解決策のうち1つにフォーカスした深掘り動画を撮ってみるのもいいでしょう。

そのようにすれば無限に動画のネタは出てくる気がしますよね。ユーチューブの動画はストック資産になりえます。

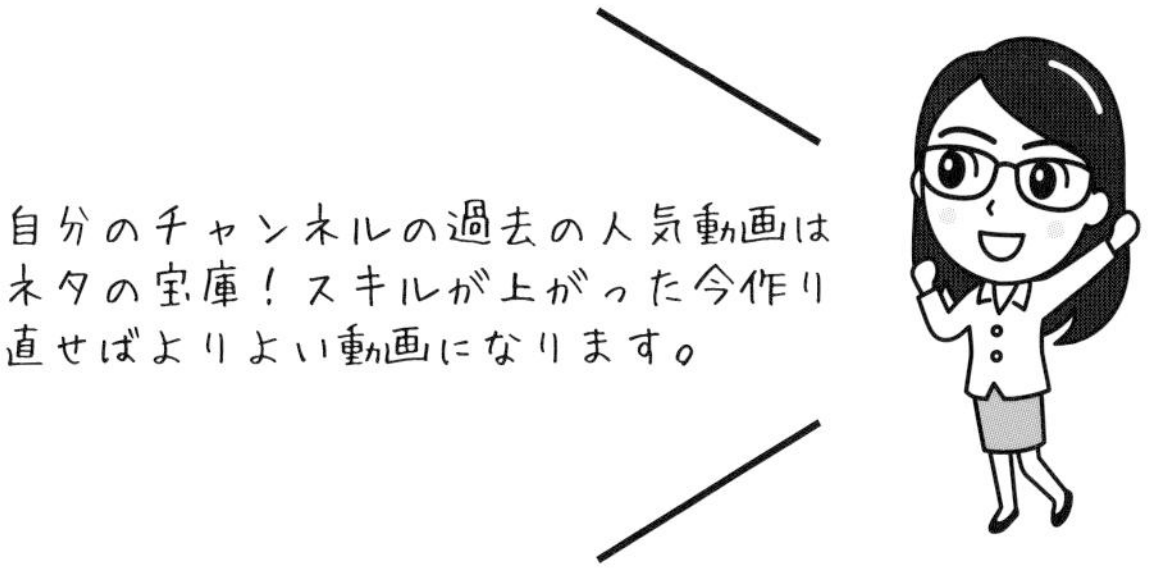
自分のチャンネルの過去の人気動画は
ネタの宝庫！スキルが上がった今作り
直せばよりよい動画になります。

5 視聴者のコメントに答える

「ネタがない」と困ったときは、動画に寄せられるコメントに回答する動画を作ってみましょう。実は、これはすごく視聴者の反応が高い方法です。

ユーチューブは、ブランディングを確立させるのに申し分ない情報量を配信できるツールです。それに加えて双方向コミュニケーションが取れると、視聴者参加型のチャンネルになります。より一層信頼関係を深めることができるわけです。

視聴者の視点で考えると、自分のコメントが読み上げられたり、取り上げられて動画のテーマとして発信されたら嬉しいですよね。視聴者のコメントに動画で答えるのはメリットしかありません。動画のネタになり、エンゲージメントを高め、視聴者とコミュニケーションもとれるわけですからね。

まだ動画にコメントがつかない段階であれば、別の方法でコメントなどの意見をもらうといいでしょう。例えば次のような方法があります。

- 質問箱を概要等に設置する
- ツイッターなどのSNSで意見を求める
- YouTubeコミュニティのアンケート機能を使ってみる

質問箱は「**Peing**」（https://peing.net）のようなサービスを使うといいでしょう。ツイッターで「どんな内容が見たいですか？」とつぶやいてみれば、意外と意見をもらえます。もしくはYouTubeコミュニティなどのアンケート機能で選択肢を事前に用意しておけば、投票してくれる人もいるかもしれません。

視聴者からのレスポンスを元に動画作成を行うと、ユーザーフレンドリーなチャンネルに育つはずです。

視聴者にアンケートを行うのは、ネタ不足の解消と視聴者との距離を詰める一石二鳥の施策といえます。

ここがポイント

- 最初のチャンネル設計の際に、ジャンルの広がりを意識して設計することが重要
- キーワードや人気のテーマから選ぶのも有効
- 過去の人気動画のリメイクや深掘りも
- 視聴者のリクエストに答える

03 批判やアンチの対象になる覚悟も必要

1 表に出れば評価の対象になる

ブログであれユーチューブであれ、外に向かって情報発信をすれば、少なからず評価の対象になります。良い評価だけならいいのですが、もちろん悪い評価の対象にもなりうるものです。

悪い評価の中には、今後の成長に欠かせない意見や建設的な批判もありますが、インターネットの世界では悪質な批判やアンチの的になることもあります。それが原因でメンタル的にユーチューブを続けられなくなる人もいます。

チャンネル登録者数が少なく、あまり見られていないころはそれほどでもありませんが、人気が出てくると一定数批判的なコメントが付くのは仕方がありません。「人気になった証拠！」と思う心構えも必要です。

動画を作るのは大変でも、バッドボタンを押すのは簡単です。批判やアンチコメントを投稿するのも、動画を作るのに比べれば超お手軽です。

「批判されるのが怖いから」と一歩を踏み出せなくなってしまっては本末転倒ですが「きっとたくさんの人が応援してくれるに違いない！」と甘い夢を見て参入してしまうと、理想と現実のギャップに挫折してしまうかもしれません。

もちろん、ユーザーのためになるようないい動画を作ることで、悪い評価やアンチの的にさらされる可能性は少なくなるでしょう。しかし、どんなに素晴らしい作品を作っても、すべての人を満足させられることやすべての人に好かれることは不可能です。

それを事前に知っておくことがとても重要です。

2 誹謗中傷やアンチの特徴

ユーチューブでは、想定以上に悪質な誹謗中傷にあうこともあります。アドバイス的な反対意見もあるので、成長機会を失わないために線引きは必要です。しかし、情報量が多くファンがつきやすい一方で、アンチもつきやすいのがユーチューブの特徴でもあります。

ですが、適切な理解と対処をすれば大丈夫です。

本書では対策方法まで解説しますが、その前に「なぜそのようにするのか」行動の本質を理解しておくことで冷静な判断ができるようになります。

誹謗中傷する人の特徴

①アドバイスと誹謗中傷はまったく別

誹謗中傷と、アドバイスや真っ当な批判意見は何が違うのでしょうか。自分にとって不都合な意見をすべてアンチの誹謗中傷だと括ってしまっては、成長機会を逃します。筆者の個人的な意見ですが、誹謗中傷とアドバイスの線引きは次のように考えています。

・誹謗中傷は自分(コメント投稿者)のため
・アドバイスは相手(チャンネル運営者)のため

例えば、ユーチューブのコメント欄で「面白くない!」「きもい」「ユーチューブやめろ!」といったコメントが投稿されたとします。このコメントは、ストレス発散やイライラした気持ちをぶつけてスッキリしたい「自分のため」です。筆者の定義では、これは誹謗中傷です。

相手(チャンネル運営者)のためを思うなら、ネットという公の場で誹謗中傷するのはありえません。仮に公開コメント欄でアドバイスするなら「どこがどのように悪く、どのようにすれば良くなると感じたのか」がないと伝わりません。

筆者にも時々ありがたい批判意見が届きます。

・動画の中の言葉の発音が違いますよ
・何分何秒のテロップが間違っていますよ
・Aという情報は、正しくはBではありませんか？

発信者が気づいていない間違いを指摘してくれる意見に対しては、直ちに修正しお礼を言うようにしています。

ときには、DM（ダイレクトメッセージ）で教えてくれる視聴者もいます。そのような意見は本当にありがたいです。そこには面識のない筆者への気遣いが感じられます。

しかし、顔の見えないインターネットでは、横柄であったり礼儀や思いやりがなくなる人がいます。実際の生活では、面識のない人に失礼なことを言うことはないはずなのに、ユーチューブのコメント欄やSNSなどではできてしまうのです。

この誹謗中傷とアドバイスの線引きは筆者の私見ですが、チャンネル運営者として然るべき対策を取るための指針にしていただければ幸いです。

この判断基準を踏まえて、人はなぜ誹謗中傷やアンチ活動をしてしまうのか考えてみましょう。

②嫉妬（やっかみ）

基本的には、誹謗中傷の動機の多くは、ただの嫉妬なのかなと思っています。ある程度チャンネル登録者数が増えて人気になってくると、そのようなコメントがつくようになります。人気のないチャンネルには中傷コメントがつくことはあまりありません。

人気チャンネルの発信者は魅力的な人が多いですし、内容も素晴らしいものがたくさんあります。ビジネスとしてユーチューブをやっていれば、ある程度収入があることも想定できるので、やはりやっかみの対象になるのでしょうね。

③反応が見たい

反応を面白がっている人もいるでしょう。さまざまなコメントのやりとりを見ていると、その議論に終わりはないものばかりです。中傷に対し反論し、その反論に対しさらに中傷し、またその中傷に対し反論し、と延々と繰り返されます。

不毛な争いなのですが、何かしらの言葉のキャッチボールを求めているのでしょうか。とにかく反応が欲しいのかもしれませんね。

④承認欲求を満たしたい

不特定多数の第三者が見ているユーチューブのコメント欄で、悪口や嫌がらせなど不愉快なコメントを書き込むのは、承認欲求を満たしたいのかもしれません。単にチャンネル運営者のことが嫌いで物申したいのであれば、ＤＭでもよく、公にする必要はありません。

公の場所でコメントするのは、自分の意見に賛同してくれる仲間が欲しかったり、論破する自分を誰かに見てほしかったりするのでしょう。

このような特徴がわかってくると、どのように対策すればよいか見えてくるはずです。

3 他人の評価に振り回されず継続するコツ

対処法は簡単です。「**気にしないこと**」です。

どれだけ高品質な動画を投稿しても、うまくチャンネル運営をしていても、視聴者の中に一定数そういう人たちがいるのは最初から理解しておきましょう。

そして、極めて悪質なコメントが投稿されたら、非表示にすればいいと思います。

自分のYouTubeチャンネルは、自分が運営する店舗と一緒です。自分の店舗をどうするかは自分で決められます。仮に店舗内が汚れたら清掃しますよね。それと一緒です。コメント欄が荒れていては、他の視聴者が不快な思いをします。何より自分も傷つきますよね。

コメントは承認制にして、**誹謗中傷と判断したコメントを非表示にすることをためらう必要はありません**。

ただし前述したように、真っ当な反対意見に対しては誠実に対応しましょう。繰り返しになりますが、筆者の経験上「あなた（チャンネル運営者）のために」した批判意見には、具体的な指摘箇所とセットで改善策なども記載されているものが多いです。何の根拠もない批判や人格を否定するようなコメントは、迷うことなく非表示にしましょう。

なお、非表示にする以前にコメントを見て傷ついてしまうようであれば、ユーチューブの機能でコメント自体を非表示にすることもできます。

何はともあれ継続することが一番大切ですから、心の健康を保つためにも他人の評価に振り回されず、自分なりの運営方法を身につけていきましょう。

コメント欄が荒れていると、他のチャンネル登録者にとっても不快なものです。

ここがポイント

- 動画を公開する以上、批判を受ける覚悟は必要
- 誹謗中傷とアドバイスの線引きは「誰のための意見か」で行う
- 視聴者が不快にならないためと自分のためにも、荒れたコメントは躊躇せず非表示にしよう

Column 4

ビジネスYouTuberが目指すべき目標とは？

さかいよしただ

集客やブランディングなど、自身のビジネスにYouTubeを活用する際に、多くの方が目標を決めると思います。

「登録者１万人！」「月間再生数100万回」など、YouTuberらしい目標です。

しかし、ビジネスYouTuberにおいては、登録者・再生数の数はさほど重要ではありません。重要なのは、登録者・再生数の「質」です。

例えば、自社商品や提供サービスの紹介動画を２本作ったとしましょう

Aの動画は再生数は1,000回以上だけど、視聴者からの反応は０。

Bの動画は再生数は50回だけど、動画を見た人から5件の問い合わせがあった。

どちらの動画が、自社の売上に貢献しているでしょうか？　当然、Bですよね。

そもそも、企業のYouTube活用の目的は、商品やサービスの販売・認知であって、再生数によって得られる広告収益ではありません。いかに自社商品・サービスに興味のある人に、動画を見てもらうかが重要です。

極端な話、たとえ再生回数が10回でも視聴者全員が商品を購入してくれていれば、それだけで十分な売上になります。

そのため、あなたのビジネスによっては、登録者・再生数の増加が見込めないものもあります。同じ整骨院でも都市と地方では商圏も違いますし、人口も都市の方が多いので潜在的な視聴者数も違います。

また商品・サービスのターゲット層が男性のみ、もしくは女性の40～60歳までというように限られている場合も、やはり視聴者数が少なくなります。

こういった場合、視聴者が限られているので、再生数や登録者はあまり伸びないかもしれません。ビジネスYouTuber全員が「登録者１万人！」「再生数100万回！」は、難しいわけです。

やはり目指すべきは「視聴者の数よりも"質"」です。

日本、世界にいるあなたの商品・サービスを「本当に必要としている人」に動画を届けることを考えていきましょう。

今回は、登録者・再生数が少なくても集客に成功しているYouTubeチャンネルを、２つ紹介します。

オーダーキッチンのスタディオン
(https://www.youtube.com/user/furukawayoshihiro)

2018年から本格的にYouTubeへの動画投稿を開始
運営会社：スタディオン株式会社（東京・大阪が拠点）
事業内容：オーダーキッチンの開発・販売・施工
動画本数：約100本
チャンネル登録者：258人
ターゲット：新築、リフォームなどでオーダーキッチンの導入を考えている方
現在の平均視聴回数：500 ～ 1,000回

チャンネルでは、これまで手がけたキッチンの紹介や、お客様インタビューを動画で紹介しています。2018年のYouTubeスタート時の平均再生回数は、100 ～ 300回ほどでした。スタディオンの場合は、天板がオールステンレスのキッチンデザインをもっとも得意としており、動画でもその事例のみを紹介しています。

そのため、オールステンレスのキッチンを作りたい人だけがチャンネルにたどり着き「ここしかない！」と感じて問い合わせにつながっています。

もちろんスタディオンでは他のタイプのキッチンも作ることはできますが、あえて自社

（左ページに続く）

の得意分野だけに絞ることで、競合他社との差別化ができ、本当にスタディオンのキッチンを必要としている人とだけ出会うことができています。

　そのため、初回の打ち合わせもスピーディ。お客様は、スタディオンの動画をすでにたくさん見ていて「動画で見たあのキッチンみたいにしてほしい」と理想のキッチン像をイメージできている方が多いため、１時間ほどで契約までまとまることもあります。

NEO FLAG.Wedding
（https://www.youtube.com/channel/UCfm7jCDA-IdO1zj_T5Ak0Kg）

2018年から本格的にYouTubeへの動画投稿を開始
運営会社：株式会社 NEO FLAG.
事業内容：ウェディングプロデュース事業全般ほか
動画本数：約200本
チャンネル登録者：1,100人
ターゲット：結婚式を考えているカップル
現在の平均視聴回数：500 ～ 2,000回

こちらは、1.5次会という結婚式のスタイルを提供している会社です。

1.5次会とは、披露宴と２次会の中間形式のイメージで行われるパーティです。披露宴ほど形式張らず、二次会ほどくだけたものではないという特徴があり、都市部では人気のスタイルとなっています。

動画では、1.5次会を実施する上でのアドバイスや、先輩カップルのインタビューなどを投稿しています。

こちらは、本格的にYouTubeをスタートしたのは2018年ごろで、当時の再生数は100～500回でした。このチャンネルの動画も、スタディオンと同じく視聴ターゲットは非常に狭いです。ですが、毎月YouTubeから安定的に集客できており、しかも成約率が高い。

理由としては「ターゲット層だけを狙った動画を作っている」からです。1.5次会に関する動画をメインにして、披露宴や二次会といった他の結婚式スタイルに関しては動画を作っていません。これも自社の得意分野に絞った結果の行動です。

どんな動画であっても企画次第で「登録者1万人」「再生数100万回」を狙うことはできます。しかし、どれだけ数が集まっても売上につながらなければ、意味がありません。

まずはYouTubeチャンネルの目的をしっかりと定めましょう。

再生数・登録者など「数」を狙うのか？　見込客へリーチする「質」を狙うのか？

目的によって作るべき動画は全く違ってきます。

「質」を狙うのであれば、自社商品・サービスの強みをしっかり分析しながら、その魅力が伝わる動画を作りましょう。欲張って一つのチャンネルにさまざまなテーマを盛り込んでしまうと、成果は出にくくなります。

チャンネル内に、できるだけ同じニーズの視聴者を集めることを心がけてください。

大事なのは「どんな動画を作るか？」よりも「どんな動画を作らないか？」です。

著者プロフィール

酒井祥正（さかい よしただ）

20歳から映像制作会社でドラマ、映画、アニメ、TV番組などさまざまな作品に参加。カメラマン、映像編集者、ディレクター、アナウンサー、記者、などさまざまな業務を経験する。
2015年から動画マーケティング専門YouTubeチャンネル「動画集客チャンネル」を開設。
これまでYouTubeに関するノウハウ・テクニックなど600本以上を投稿する。
現在は、中小企業を対象にYouTubeチャンネル構築のコンサルティングを行っており、動画マーケティングに必要な 企画・撮影・編集・発信・機材・話し方をトータルでサポートしている。
2019年には日本で3人目のYouTube公式ビデオコントリビューターに任命され、若手クリエイターの育成にも力を入れている。

- **YouTubeチャンネル：**
  https://www.youtube.com/channel/UCnf0vxeJnEdTHVc4AXMUIIA
- **Twitterページ：https://twitter.com/yoshitadasakai**

7時限目 YouTubeアナリティクスの使い方

YouTubeアナリティクスを使えば、投稿動画のさまざまな分析ができます。施策に役立てましょう。

01 YouTubeアナリティクスとは？

1 投稿した動画のデータ分析ができるツール

YouTubeアナリティクスは、投稿した動画がどのような人にどこから見られて、どのように視聴されているかを分析するための無料ツールです。

自分の動画が最初に定めたペルソナに向けて正しく届いているのか、または興味を持ってもらえているのかを知ることはとても重要です。方向性が間違っているのに、同じやり方で動画を作り続けていては、成功には近づいていきませんからね。

YouTubeアナリティクスを使えば、アルゴリズムの分析やユーザー行動の詳細を知ることができます。動画を公開するたびにこまめにチェックし、次の動画作成に活かすことが大切です。

2 YouTubeアナリティクスの開き方

YouTubeアナリティクスは、**YouTube Studio**から開くことができます。ユーチューブの自分のチャンネルにアクセスし、右上のアイコンをクリックするとメニューが表示されます。表示されたメニューから「YouTube Studio」を選択します。

● 右上のアイコンから「YouTube Studio」を選択

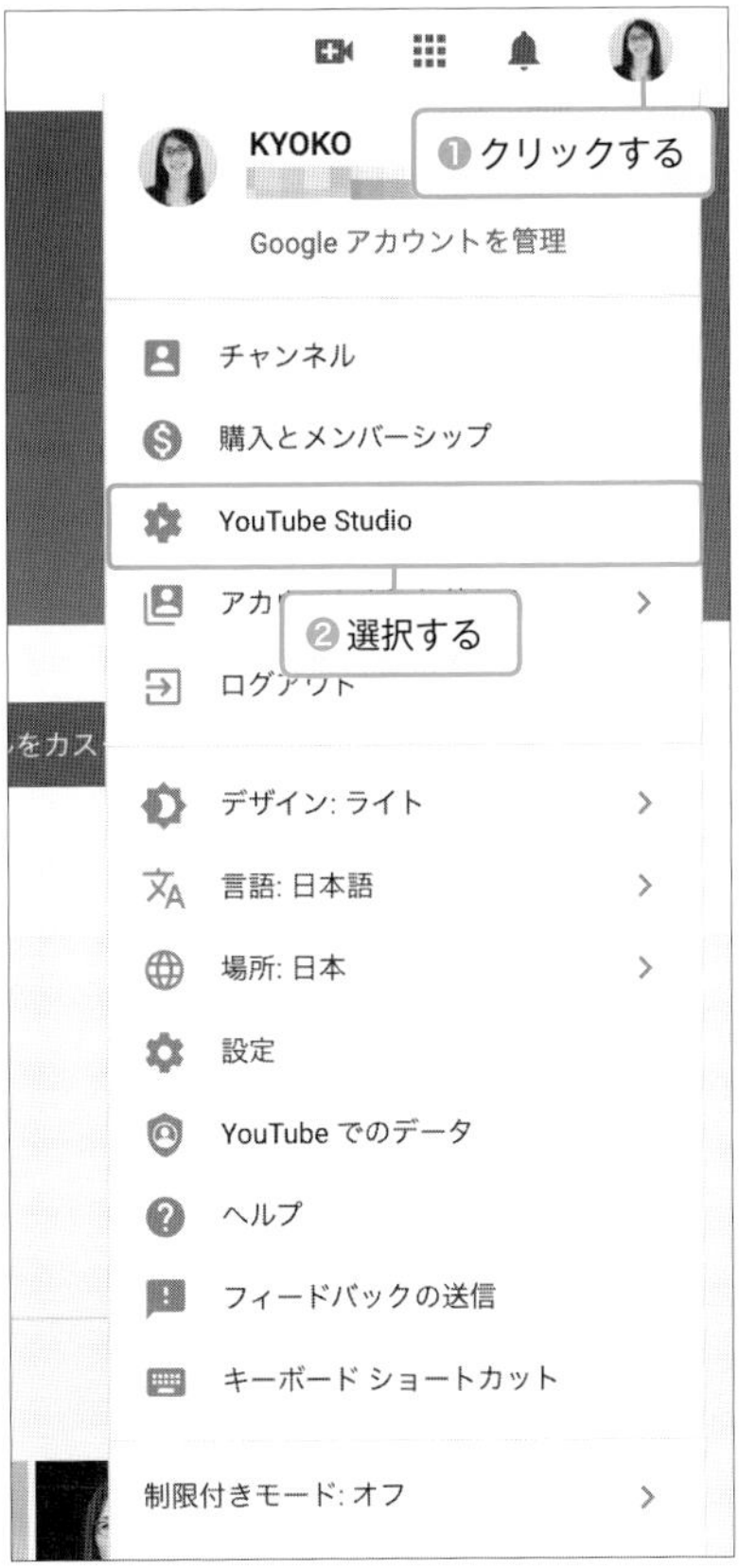

● YouTube スタジオのダッシュボードから「アナリティクス」を選択する

3 YouTubeアナリティクスでわかること

ユーチューブでビジネスをするためには、作った動画が誰にどのように届いて、どう評価されているかを知る必要があります。これは、ユーチューブを使ったどのビジネスモデルでも同じですね。なぜなら「**見てもらえなければそれは存在しないのと同じ**」だからです。

YouTubeアナリティクスでは、チャンネル全体のデータや動画個別のデータもすべてわかります。「作った動画がどのような場所でどれぐらい露出されるか」はユーチューブアルゴリズムによるところが大きいのですが、自分の動画がそこにマッチしているかどうかを確かめることもできます。

例えば、動画に対するユーザーの行動と反応を見たり、自分の動画がユーチューブのどの場所に多く露出されているかを確認することで、その傾向が理解できます。もし、自分の作った動画が狙ったユーザーにダイレクトに届いているのであれば、たくさんの好評価や反応が得られるはずです。

　そのためには、視聴ユーザーの属性などもチェックする必要がありますね。もちろんビジネスでユーチューブを運営しているのであれば、その収益性も確認しなくてはいけません。次節以降で詳しく解説しますが、それらはすべてYouTubeアナリティクスで確認できます。

動画投稿したら分析して「どのように見られているか」を知りましょう。それが次の動画のヒントにもなります。

ここがポイント

- YouTubeアナリティクスは投稿した動画のデータ分析ができるツール
- 公開した動画がどのくらい見られているかや、どういった場所に露出されているかなどがわかる

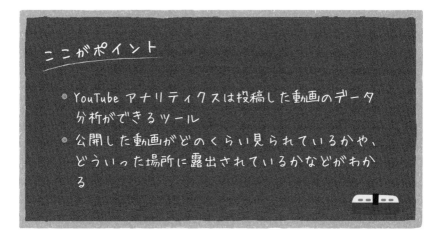

02 主要な統計データをチェックしよう

1 概要

YouTubeアナリティクスのトップページにあるタブを切り替えると、さまざまな主要データを見ることができます。

まずはチャンネル全体の「**概要**」タブについて解説します（次ページの図）。ここではチャンネル全体のステータスを見ることができます。これらのデータが指定期間内にどのように推移していったのかを、グラフで確認することができるのです。

● 視聴回数

チャンネル全体の視聴回数の推移がわかります。

- **総再生時間**

チャンネル全体の総再生時間の推移がわかります。

- **チャンネル登録者数の推移**

チャンネル登録者数の変化がわかります。

- **推定収益（YouTubeパートナーシップ登録済みの場合）**

すべてのGoogle広告配信元と取引からの合計推定収益（純益）がわかります。

2 リーチ

YouTubeアナリティクスの「**リーチ**」タブでは、動画の露出先がわかります。そのチャンネル内の動画がユーチューブのどこに、どれぐらい露出されて、そしてどれぐらい反応してもらえたのかを知ることができます（次ページの図）。

● YouTube アナリティクスの「概要」タブ

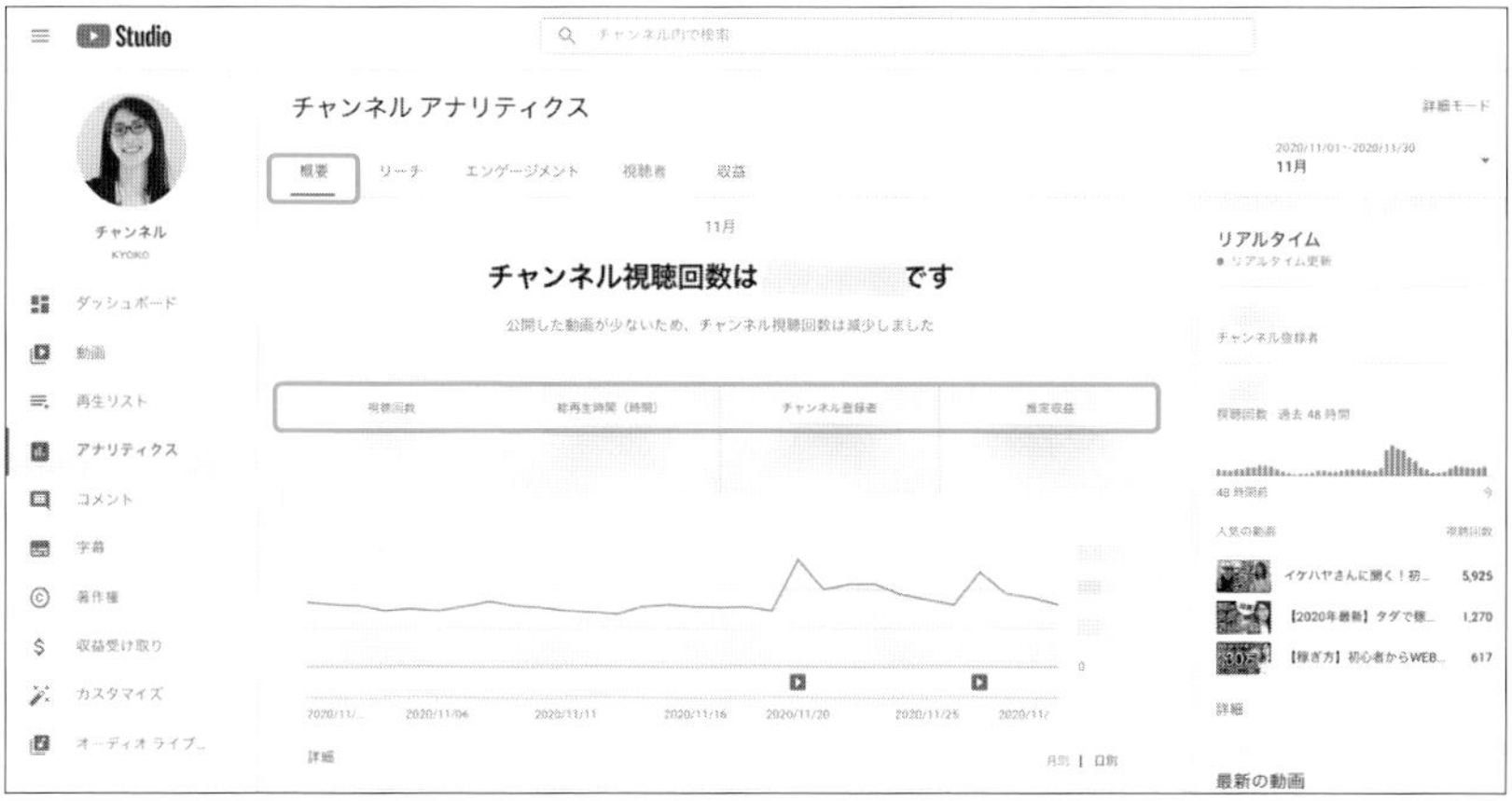

●**インプレッション数**

ユーチューブ内でどれだけそのチャンネルの動画が露出したのか（サムネイルの表示回数）がわかります。

●**インプレッションのクリック率**

サムネイルが表示された後（インプレッション）どれくらいの割合でクリックされたのか、つまり動画を開いてもらえる確率がわかります。

●**視聴回数**

チャンネル全体の視聴回数の推移がわかります。

●**ユニーク視聴者数**

指定期間内に自分のチャンネル内の動画を視聴したユーザーの数を知ることができます。

● YouTube アナリティクスの「リーチ」タブ

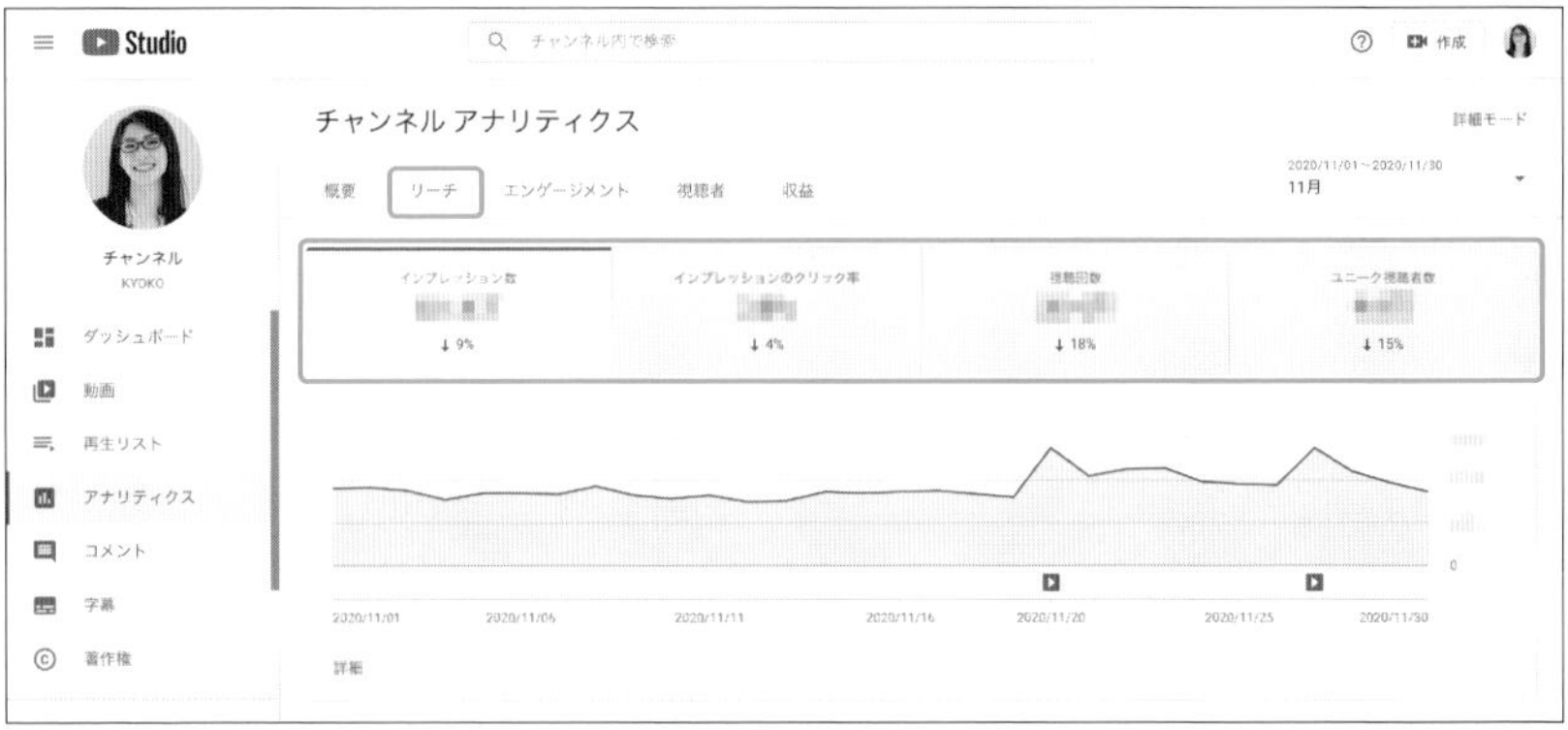

3 エンゲージメント

YouTubeアナリティクスの「**エンゲージメント**」タブでは、チャンネル内の動画を見た視聴者がどのように行動したのかを知ることができます（下図）。

エンゲージメントタブでは、特に「視聴維持率」について深く理解することができるでしょう。

- **総再生時間**
  チャンネル全体の総再生時間の推移がわかります。
- **平均視聴時間**
  指定期間内の1回あたりの平均視聴時間を知ることができます。

● YouTubeアナリティクスの「エンゲージメント」タブ

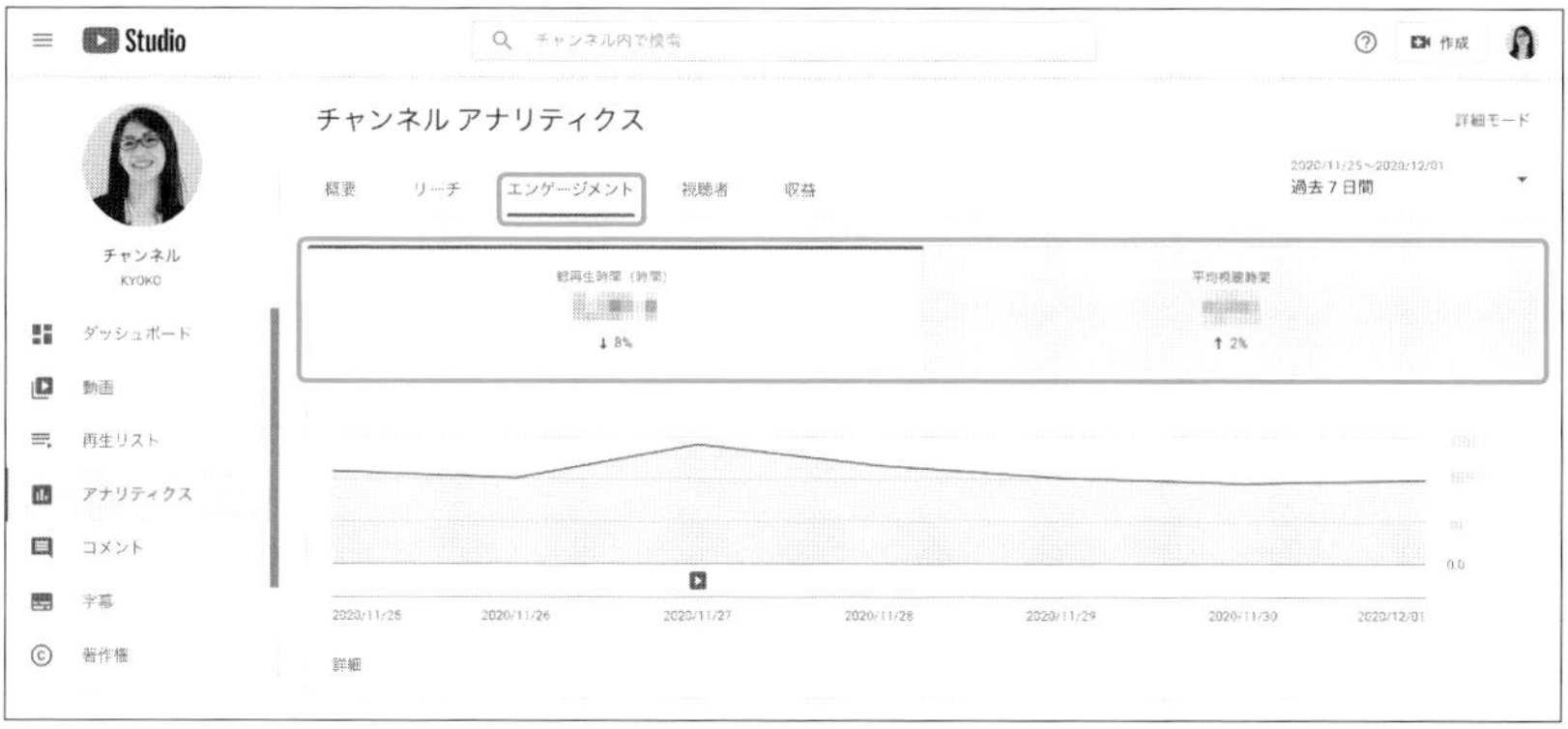

4 視聴者

YouTubeアナリティクスの「**視聴者**」タブでは、自分のチャンネルの動画がどのような視聴者にリーチし、またチャンネル登録者数はどのように推移しているのかを知ることができます（下図）。

- **ユニーク視聴者数**
  指定期間内に自分のチャンネル内の動画を視聴したユーザーの数を知ることができます。
- **視聴者あたりの平均視聴回数**
  指定期間内で1ユーザーあたりがチャンネル内で動画を視聴した回数がわかります。
- **チャンネル登録者**
  指定期間内でのチャンネル登録者数の増減について知ることができます。

● YouTube アナリティクスの「視聴者」タブ

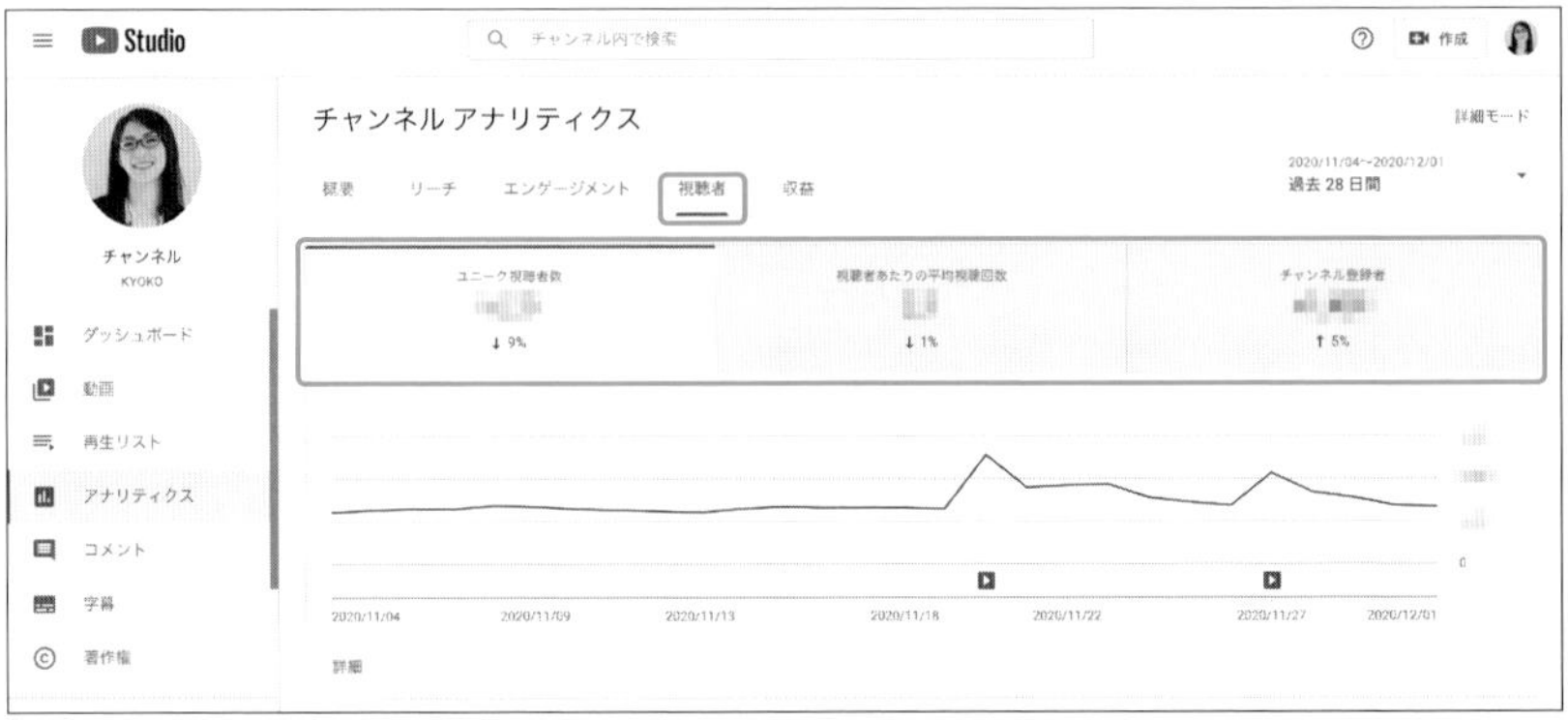

5 収益

YouTubeアナリティクスの「**収益**」タブでは、ユーチューブを使った広告収益がどれくらいあるかを知ることができます（下図）。

- **推定収益**
すべてのGoogle広告配信元と取引からの合計推定収益（純益）がわかります。
- **RPM**
視聴回数1000回あたりの収益額を知ることができます。
- **再生回数に基づくCPM**
収益化対象の再生回数1000回あたりの広告主の支払い金額を知ることができます。

YouTubeアナリティクスの「収益」タブ

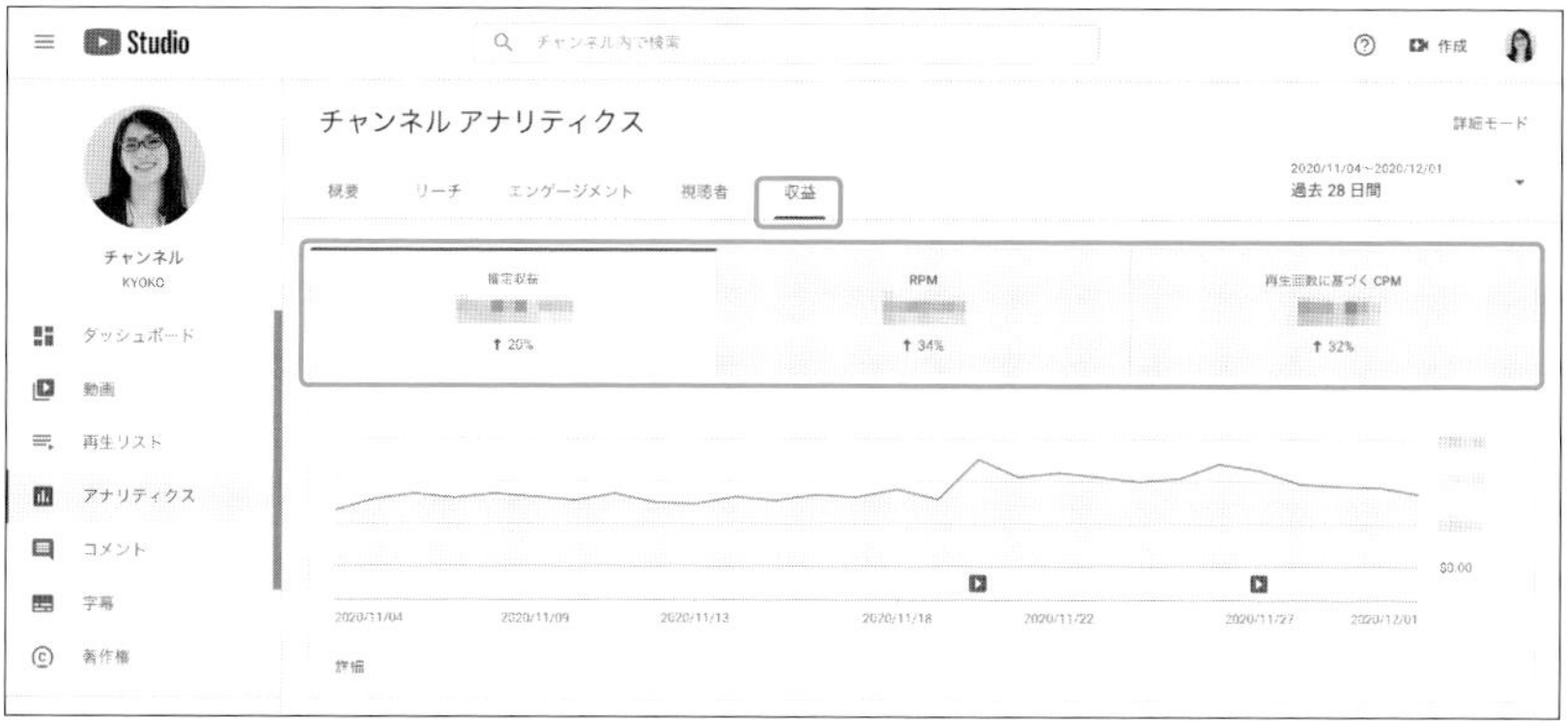

6 動画のデータを個別で見る方法

チャンネル全体だけでなく、各動画個別のアナリティクスデータを確認することも可能です。

YouTube Studio のトップページ左カラムにある「動画」をクリックします（下図）。チャンネル内の動画が一覧で表示されるので、サムネイルの横にある「アナリティクス」アイコンをクリックしましょう（次ページ上図）。動画単体のデータが表示されるようになります（次ページ下図）。

表示されるデータは、チャンネルの全体データと同じ項目になっています。画面の上のタブで切り替え、さらに中のタブで詳細について切り替えていきます。

● 左カラムの「動画」から個別でデータを見る

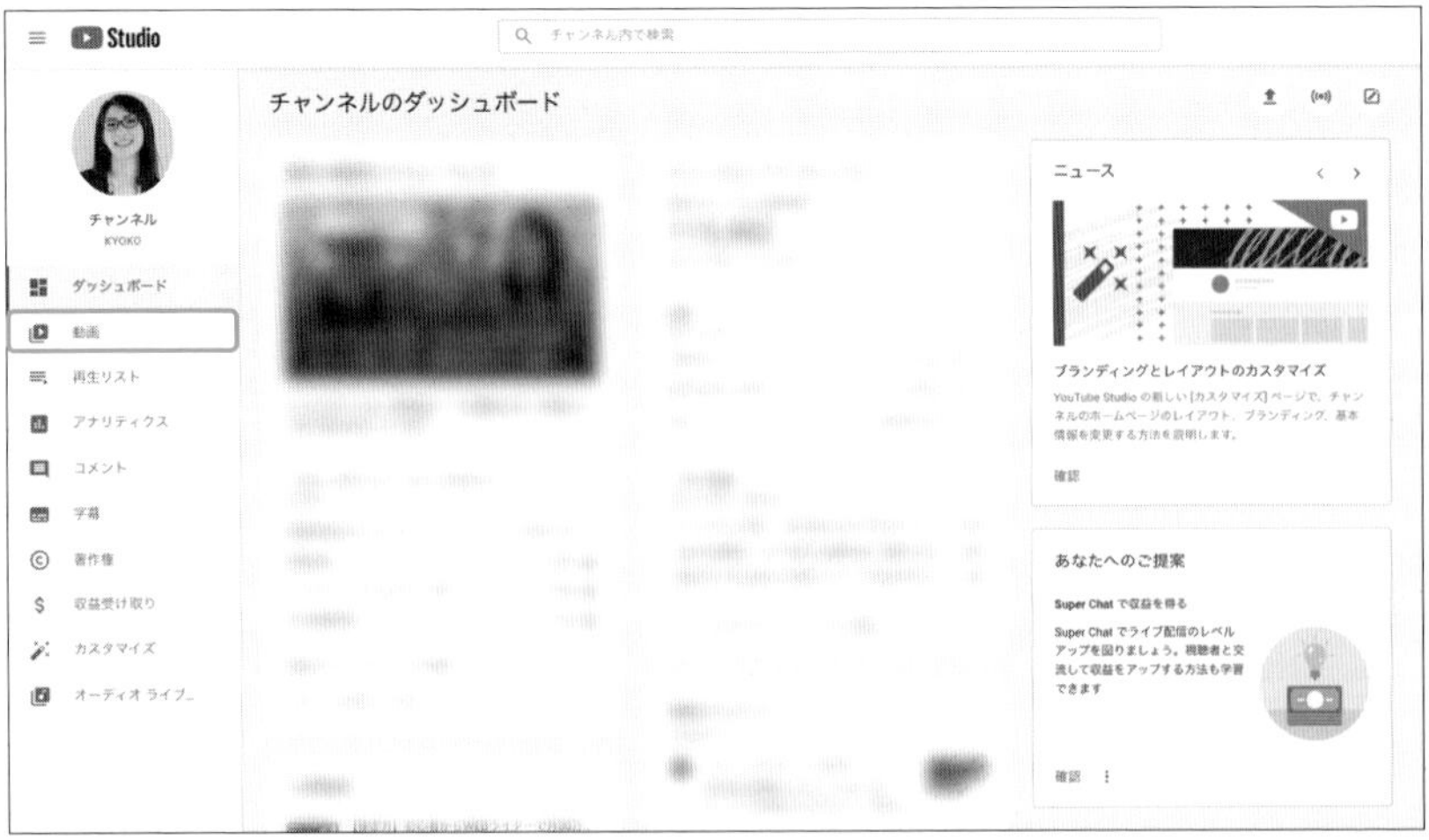

各動画の「アナリティクス」から個別データへ移行できる

各動画の個別データが表示されました

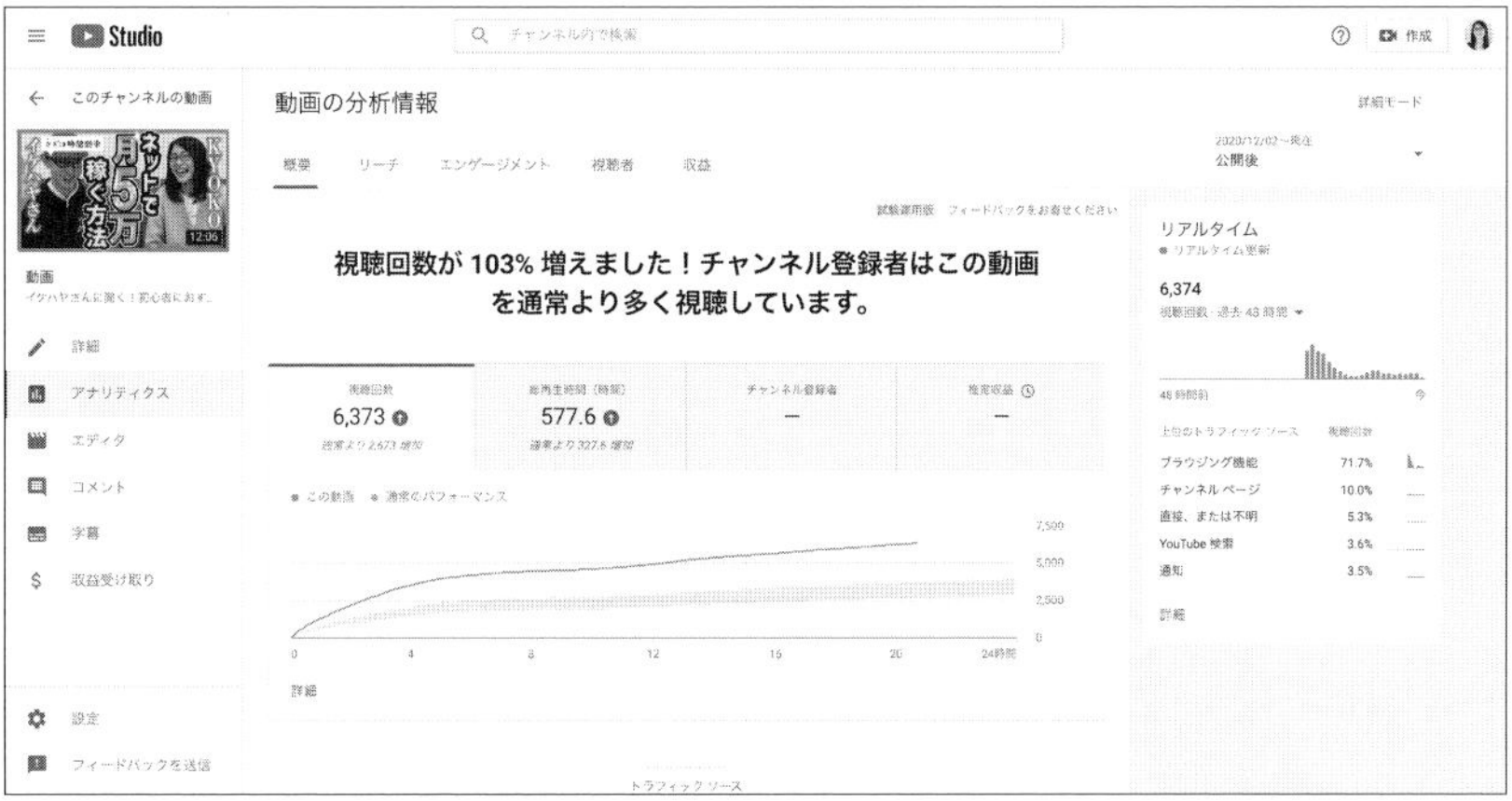

ここがポイント

- YouTube アナリティクスのタブを切り替えると、さまざまなデータを表示できる
- 「リーチ」タブでは露出先が「エンゲージメント」タブでは視聴維持率などがわかる
- 各動画の個別データも確認可能

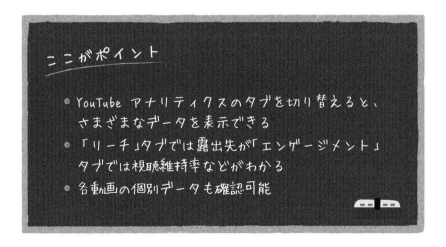

03 自分の動画はどこで発見されているのか？

1 ユーチューブ内のどこからユーザーが流入しているのか？

自分の作った動画は、どんなところでインプレッションされているのでしょうか。

それを確認するためには、YouTubeアナリティクスの「**リーチ**」タブ内を詳しく見ていく必要があります。

まずは、ユーチューブ内のどこでどれくらい露出されているのか確認してみましょう（次ページの図）。見るべきなのは「**トラフィックソースの種類**」です。

各項目の内訳は「詳細」をクリックすると見ることができます。

各項目の見方

● ブラウジング機能

トップページやホーム画面に出てくるおすすめや「登録チャンネル」からの視聴、急上昇や再生履歴、再生リストからの視聴が**ブラウジング機能**です。

この割合を確認することで、自分がターゲットとしているユーザーにマッチした動画（サムネイルやタイトル、動画内容など）を提供できているかをチェックできます。

● YouTube検索

知名度の低いチャンネルでは、まず最初に検索経由で人が集まります。ユーチューブ内の検索窓に見たい動画のキーワードを入れて調べる人は

● **トラフィックソースの種類**

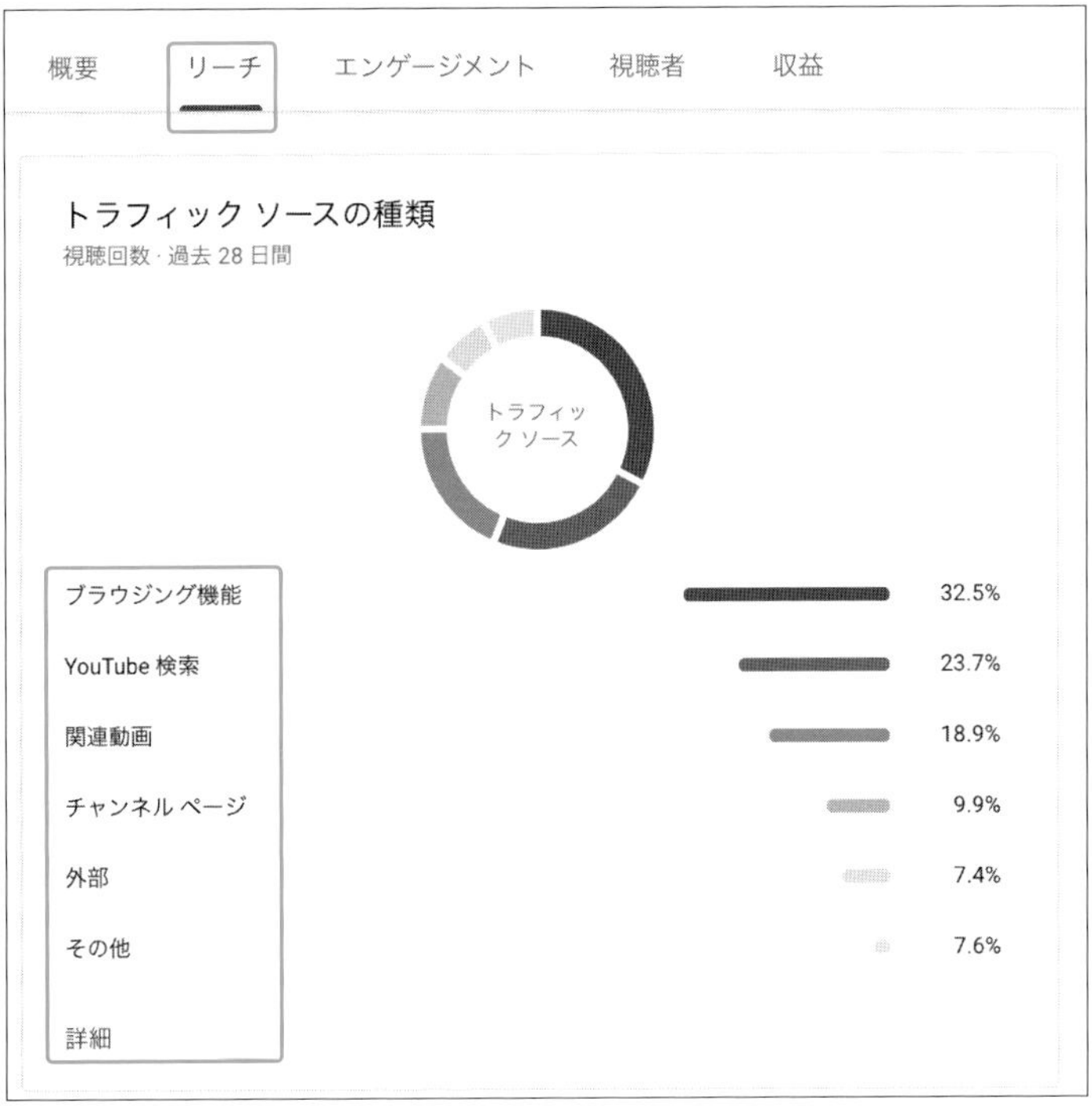
概要
リーチ
エンゲージメント
視聴者
収益
トラフィック ソースの種類
視聴回数・過去 28 日間
トラフィック ソース
ブラウジング機能 32.5%
YouTube 検索 23.7%
関連動画 18.9%
チャンネル ページ 9.9%
外部 7.4%
その他 7.6%
詳細

一定数います。それが「YouTube検索」経由のトラフィックです。キーワード対策に力を入れていれば、ここの数値が高くなるはずです。

- **関連動画**

関連動画は、動画の横に表示される「関連」と表示されるものや、動画の再生直後に表示される動画からの視聴回数を指します。ユーチューブのアルゴリズム的に関連性が高いと判断されたものが表示されます。自チャンネルの動画はもちろん、他チャンネルの動画が表示されることもあります。

人気の高い動画は、公開してしばらくすると「関連動画」の割合が高くなっていきます。

- **チャンネルページ**

自分のYouTubeチャンネルページなどからの流入です。すでにチャンネル登録されているユーザーの流入が多いでしょう。

- **外部**

検索エンジンからの流入や、何かしらのサイトやブログなどに貼られた動画からの流入を指します。

2 ユーチューブ以外での流入元

ユーチューブの中だけでの集客ではなく、それ以外での流入元も確認しておきましょう。「**トラフィックソース：外部サイト**」では、下の図のように、外部サイトからのトラフィックソースを見ることができます。

例えば、筆者のようにグーグルやヤフーの検索結果上に、YouTube動画が表示されている場合「Google Search」「Yahoo Search」などが表示されます。TwitterやInstagram、PinterestなどのSNSからの流入があれば、それらの割合もここに表示されます。

検索キーワードの対策がうまくできていれば、検索エンジン経由の流入も増えるでしょうし、各種SNSからの集客がうまくいっているのであれば、それも確認することができますね。

外部流入元

トラフィック ソース: 外部サイト
視聴回数 · 過去 28 日間
総トラフィックの割合:
7.4%
Google Search
31.0%
Yahoo Search
10.8%
pinterest.com
2.5%
jp.co.yahoo.android.yjtop
1.8%
Twitter
1.7%
詳細

3 サムネイルのアピール力が足りているのかを確認する

自分の作った動画が多くの場所で露出し（インプレッション）、どれだけクリックされているのかは、サムネイルのアピール力にかかっています。サムネイルが魅力的でなければ、視聴者は動画を再生しないからです。

それを確認するためには、インプレッション数に対するクリック率を確認する必要があります。**「インプレッションと総再生時間の関係**」で確認できます（下図）。

このクリック率はユーチューブチャンネル内でのインプレッションに対するものです。平均的なクリック率は3～4％といわれており、全チャンネルの全動画の半数ではクリック率が2～10％の範囲に収まります。

● インプレッションに対するクリック率

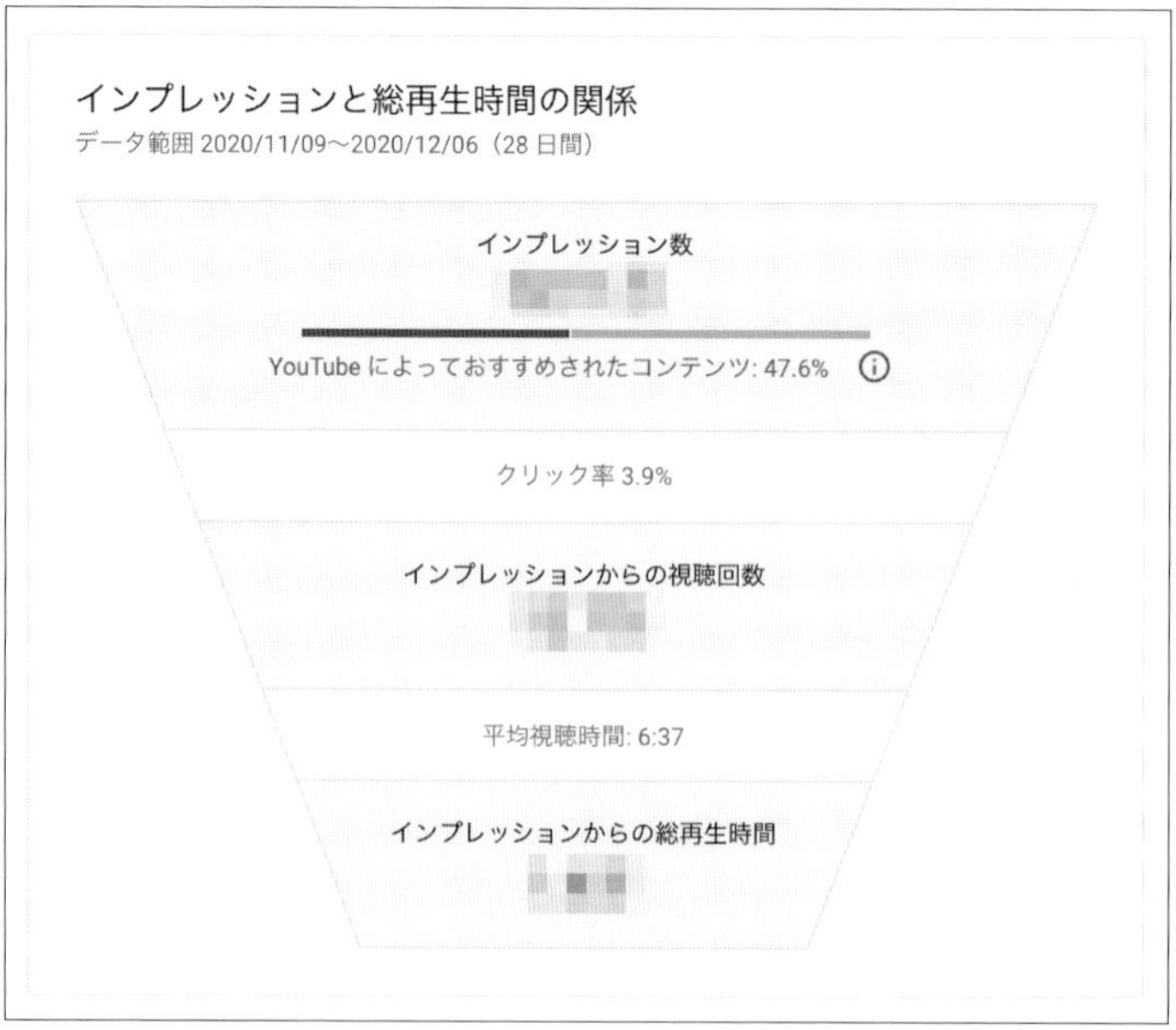
インプレッションと総再生時間の関係
データ範囲 2020/11/09～2020/12/06（28 日間）
インプレッション数
YouTube によっておすすめされたコンテンツ: 47.6%
クリック率 3.9%
インプレッションからの視聴回数
平均視聴時間: 6:37
インプレッションからの総再生時間

ただし、インプレッションされた場所によってクリック率の平均は変わります。例えば、トップページなどにおすすめでインプレッションされた場合はクリック率は低くなりますが、チャンネルページでのインプレッションの場合はクリック率が高くなる傾向があります（チャンネルページはチャンネル登録者などのファンが見る場所だからです）。

個別の動画に対するクリック率も同じように確認することができるので、動画を公開して2〜3日経ったら確認してみましょう。

筆者の場合は、5〜6％くらいのクリック率を目指してサムネイルを作成しています。サムネイルのクリック率があまりにも低い場合は、公開後に作成し直すこともしばしばあります。それぐらいユーチューブという場所はタイトルとサムネイルが命であり、動画の入り口ですべてが決まるということです。

4 自分のチャンネルにアクセスを誘導している別の動画は？

自分のチャンネルへアクセスを集めているのは多くは自分の動画ですが、他者の動画がアクセスを誘導している場合もあります。それが関連動画ですね。

「**トラフィックソース：関連動画**」では、次ページの図のように、自分のチャンネルへアクセスを誘導している動画の一覧が表示されます。

「詳細」をクリックすると、すべての関連動画や関連動画からの流入の推移などの詳細を見ることもできます。

自分のチャンネルの動画が関連動画として表示されている場合は、その動画が自分のチャンネルを多くの人に知ってもらうきっかけとなっている動画である可能性が高いです。また、それが他のチャンネルの動画であれば、自分のチャンネルの人気動画と類似性があるのかもしれません。

この関連動画からの流入は、動画個別のアナリティクスでも確認できるので、新しい動画を投稿してしばらく経ったら確認してみましょう。

投稿してすぐは関連動画からの流入はほとんどなく、施策がうまくいけば後々関連動画からの流入が増えていきます。

● 関連動画からの流入の詳細

トラフィック ソース: 関連動画
視聴回数 · 過去 28 日間
総トラフィックの割合:
18.9%
3.9%
3.0%
2.4%
2.0%
1.7%
詳細

5 どのような検索キーワードで発見されているのか知る

ユーチューブ検索からの流入も確認してみましょう。「トラフィックソース：YouTube検索」で確認できます（下図）。

ここに表示されているキーワードは、おそらく自分のチャンネルテーマに沿っているはずです。「詳細」をクリックすると、ここに表示されている以外の検索キーワードもすべて表示されます。

チャンネルを開設して間もないころは、放っておくと誰も動画を見てくれません。見られない動画には評価もつかないので、おすすめにも関連にも載りません。そのため、いつまで経っても露出しないままになってしまいます。

初期はユーチューブ検索からの流入を狙った動画作りをすることで、始めたばかりの無名の

● YouTube 検索キーワード

チャンネルでも検索経由で見てもらうことができます。
検索ボリュームを意識しつつ、チャンネルテーマに合ったキーワードでの流入を狙ってみましょう。

トラフィックソースは、視聴者の流入経路を知る機能です。どの部分が受けているかなどがわかります。

ここがポイント

- YouTube アナリティクスのトラフィックソースをチェックすることで、視聴者がどこから流入しているかわかる
- 外部からの流入や、サムネイルのアピール力などもわかる

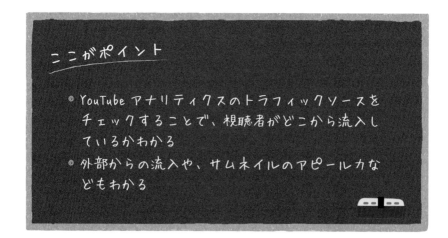

04 動画のコンテンツ内容は視聴者に刺さってる？

1 良い動画と悪い動画の見分け方

ユーチューブでは投稿し続けることが大事ですが、投稿を継続しながらPDCA（計画・実行・評価・改善のサイクル）を回しながら継続することがさらに大切です。反応率の低い動画を出し続けてもチャンネルは育ちませんし、意味がないからです。

本書で何度も触れていますが、ユーチューブで公開する動画コンテンツは「自分が発信したいこと」ではなく「相手が知りたいこと」であるべきです。そこを無視すると、反応率の悪い動画が出来上がってしまいます。

プラットフォーム側であるユーチューブとしても、ユーザーに自社のサービスを長い時間利用してほしいわけですから、ユーチューブ側が評価する「良い動画」または「良いチャンネル」とは、必然的に「**再生時間が長い**」「**視聴維持率が高い**」ものになるわけです。

エンゲージメントタブを確認する

YouTubeアナリティクスの「**エンゲージメント**」タブを確認しましょう（下図）。

エンゲージメントタブ内には、チャンネル全体の「**総再生時間**」とそれに対する「**平均視聴時間**」が表示されています。

平均視聴時間は、1本あたりのユーザー視聴時間の目安です。長い動画が多いチャンネルであれば比較的長くなり、逆に短い動画が多ければ比較的短くなります。これは動画個別でも確認でき、その動画の視聴維持率をパーセンテージで知ることもできます。

筆者の肌感覚ですが、10分前後の動画で視聴維持率が40％以上あれば、比較的「良い動画」といえるでしょう。なぜなら、この指標に当てはまる動画は、全部ではないものの、おすすめや関連動画からの流入が多くなる傾向があるからです。

ユーチューブは、視聴者満足度の高い良い動画を、ユーチューブのトップページのおすすめや類似動画の関連枠などにたくさん露出させる傾向にあります。おすすめや関連動画か

●「エンゲージメント」タブ

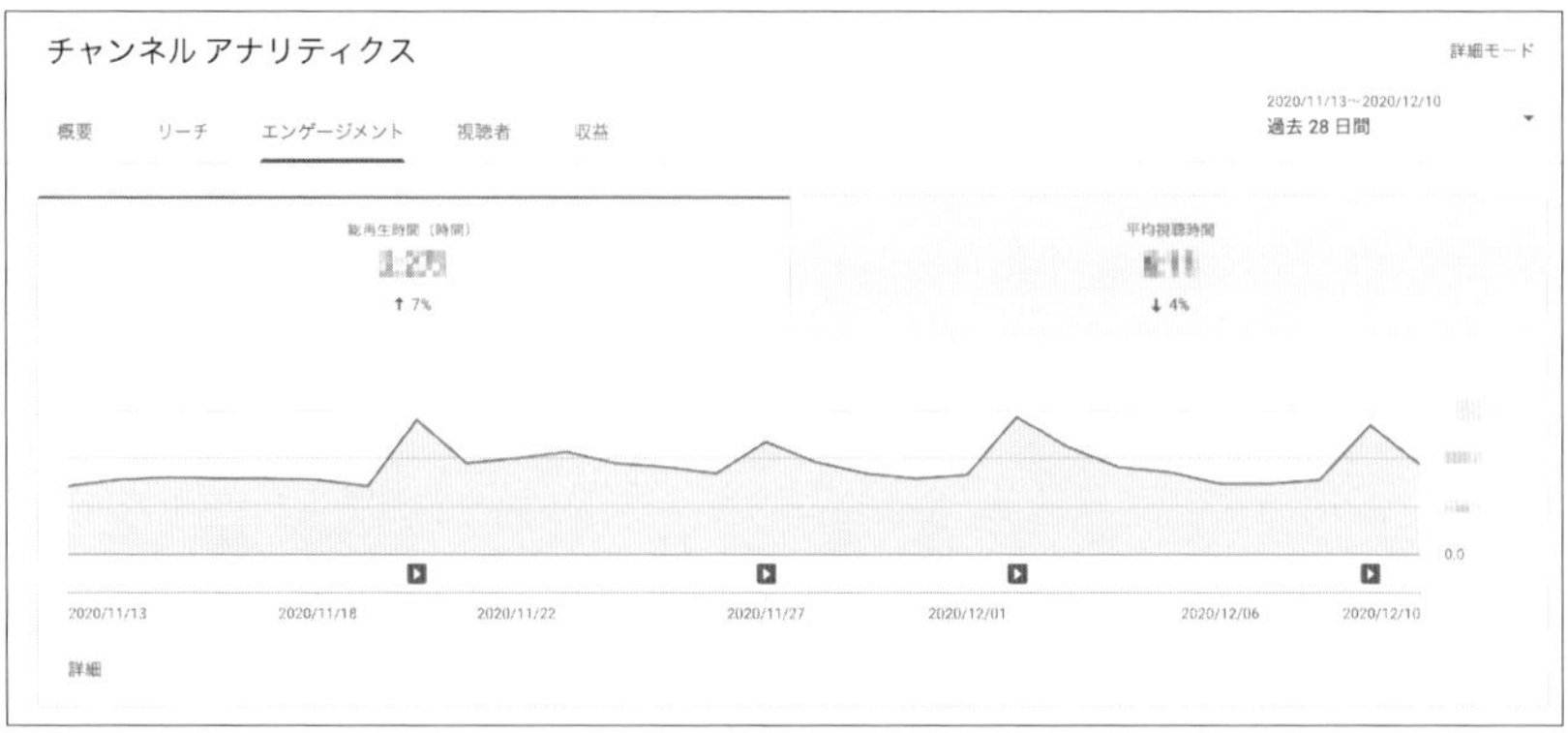

らの流入が多い動画というのは「ユーチューブ側が推している動画」ともいえるわけです。

「視聴維持率が高いとおすすめや関連動画からの流入が増える」というのは、**視聴維持率が動画の良し悪しを決める判断基準の1つ**だということを示しています。筆者の実体験に基づいて説明すると、大きく視聴回数を伸ばしてチャンネル登録者を獲得する動画は、公開してからしばらくすると「関連動画」からの流入が突然増え始めます。

「良い動画」とは、各エンゲージメントの数値が高く、それを受けてユーチューブ側も広くインプレッションしてくれる動画のことをいうのです。個別動画のエンゲージメントタブを見ると、チャンネル全体の高評価率と、それに対する個別動画の高評価率を確認することもできます（下図）。筆者のチャンネル全体の高評価率は94・9％と、かなり高い水準になっています。

動画のグッドボタンをたくさん押してもらえるよ

動画個別のエンゲージメント

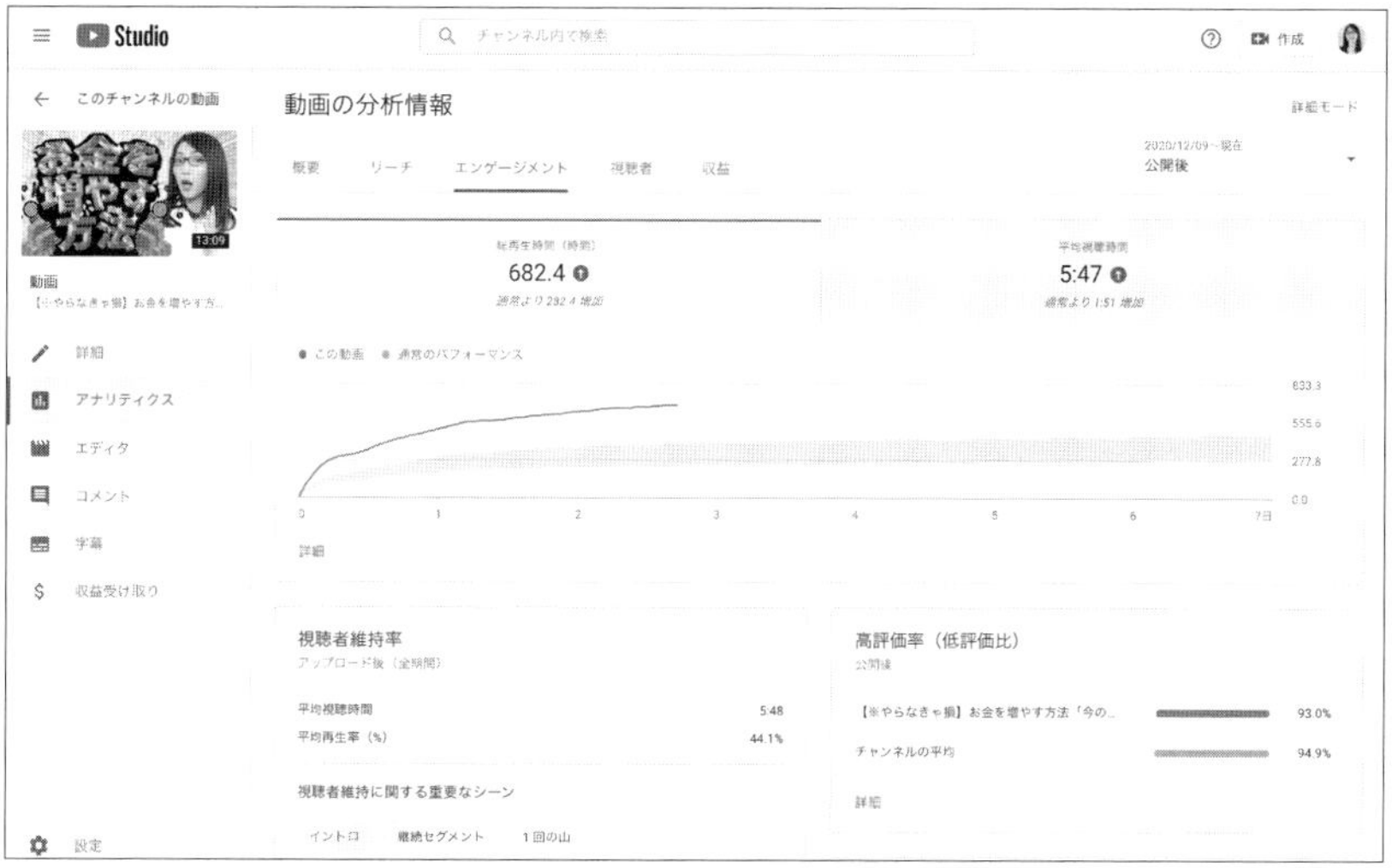

うな動画はどのようなものでしょうか。適切な人に適切な内容を届けられていれば、グッドボタンは増えます。そのような動画をたくさん投稿することによって、チャンネル全体の高評価率は高くなり、ユーチューブにも推してもらえるチャンスが増えますよね。

2 視聴維持率の高い動画の特徴

視聴維持率の高い動画にはどんな特徴があるのでしょう。ポイントは3つあります。

1. 入り口と中身の相違が少ない

タイトルやサムネイルなどの「入り口」にあたる部分と、動画の内容である「中身」に相違がないことが重要です。「サムネイルとタイトルに興味を惹かれて動画を見てみたら、全然違った内容だった……」こうなってしまっては、視聴者はすぐに動画の視聴を終了してしまいます。

2. 最初の30秒ですべて決まる

ユーチューブの視聴維持率を高く保つためには、動画の冒頭がとても大切です。多くは、動画開始30秒以内で動画を見るのをやめてしまいます。それは、最初の段階で次のように感じてしまうからです。

「思っていた内容と違った」「なんかつまらなさそう」

3. 論理的でわかりやすい

動画の内容が、何を言っているのかわからないような内容であれば、視聴者はそう感じた時点で動画視聴を終了してしまうでしょう。視聴維持率を高く保つためには、極論、動画を最後まで見てもらわなくてはいけません。

論理的でわかりやすく動画のテーマについて解説することで、少なからず視聴維持率は改善されるでしょう。

視聴維持率の確認

動画冒頭の30秒での視聴者維持率は「エンゲージメント」タブで確認することができます（下図）。

多くの動画は、最初の30秒である程度の視聴者が離脱します。冒頭の視聴維持率が高い動画には、次のような共通点があります。ぜひ取り入れてみてください。

● 各動画の冒頭の視聴維持率

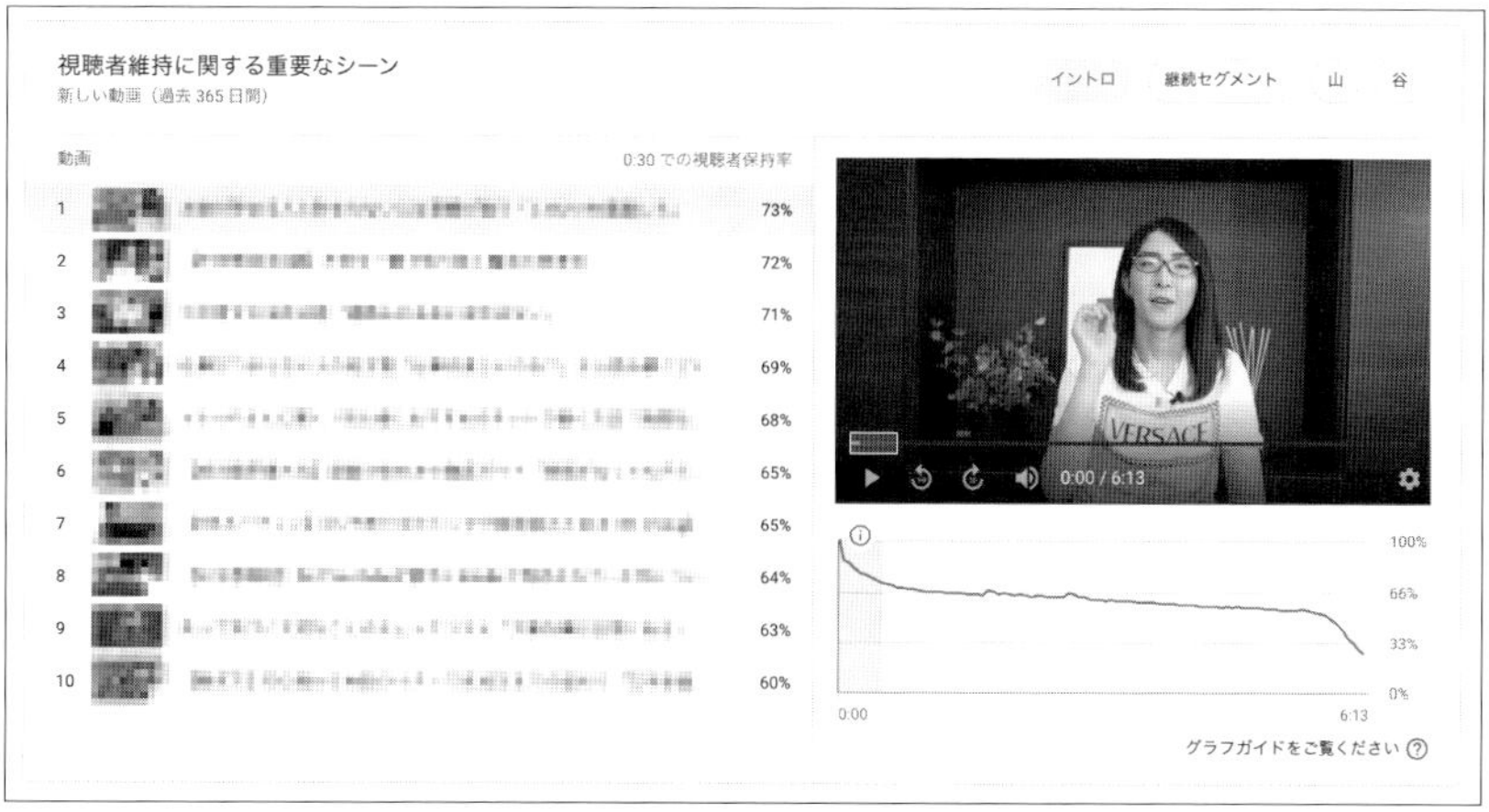
視聴者維持に関する重要なシーン
新しい動画（過去365日間）
イントロ
継続セグメント
山
谷
動画
0:30 での視聴者保持率
1 73%
2 72%
3 71%
4 69%
5 68%
6 65%
7 65%
8 64%
9 63%
10 60%
0:00 / 6:13
100%
66%
33%
0%
0:00
6:13
グラフガイドをご覧ください

- 冒頭に動きのある編集がある
- 最初にこの動画を見るべき理由やメリットについて触れている
- 「最後までご視聴ください」とストレートに呼びかけている

3 各動画のエンゲージメントを一覧で確認しよう

どの動画がどのようにどれだけ反応されているかを、YouTubeアナリティクスでは一覧で確認できます（下図）。確認できる重要な指標は、次ページの通りです。

● 詳細モードの各動画エンゲージメント一覧

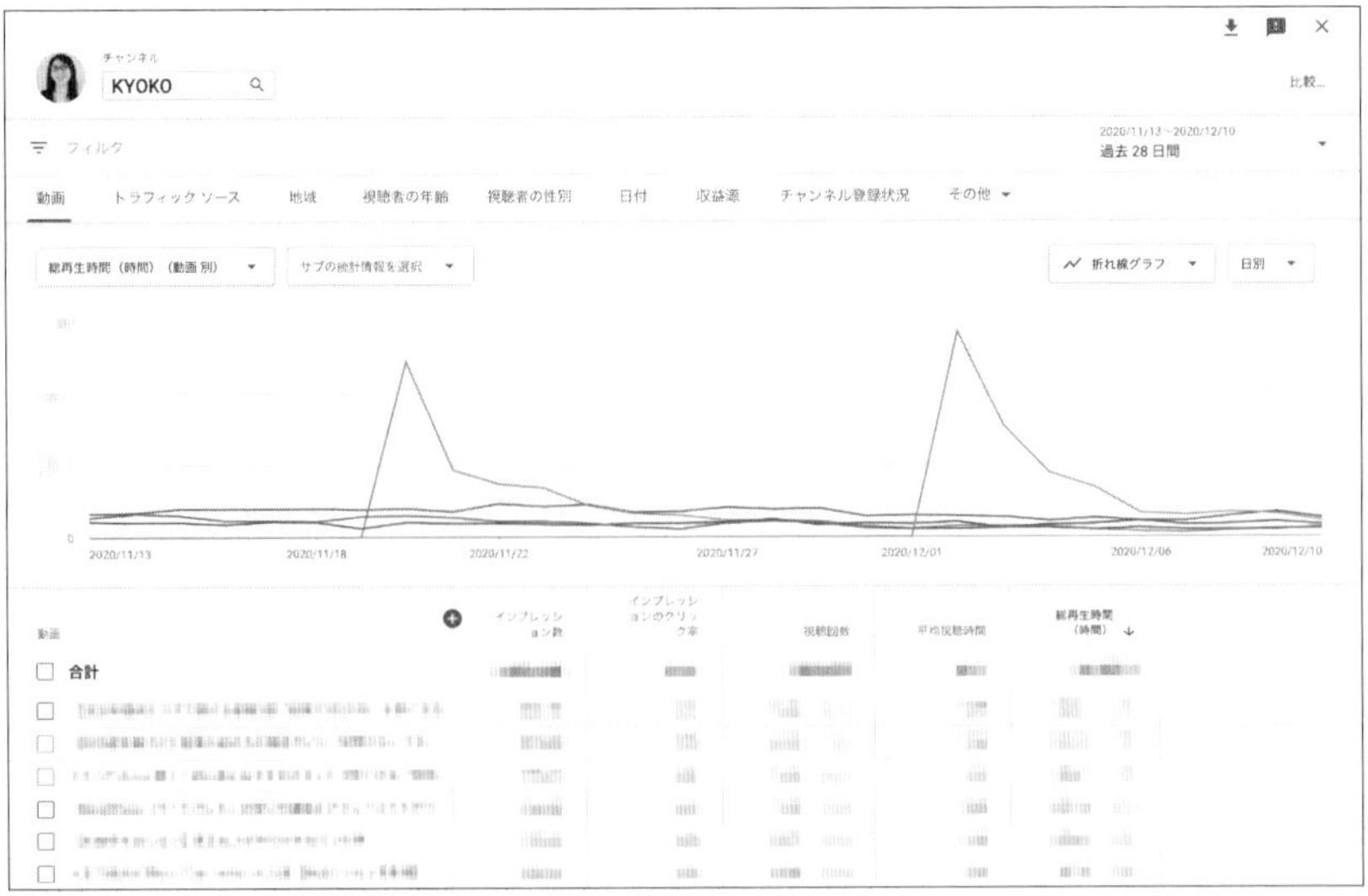

- **インプレッション数**
- **インプレッションのクリック数**
- **視聴回数**
- **平均視聴時間**
- **総再生数**

YouTubeアナリティクスには「詳細モード」があります。あらゆるタブやページに「詳細」リンクがあり、そこから遷移できます。

ここがポイント

- 「再生時間が長い」「視聴維持率が高い」のが良い動画・チャンネル
- 「タイトルやサムネと内容が乖離していない」「冒頭30秒で視聴者が離脱しない」「論理的でわかりやすい」のが視聴維持率の高い動画の特徴

05 視聴者をより深く知る

1 視聴者の属性を理解しよう

チャンネル設計をする際に、チャンネルのテーマとペルソナを決めました。

しかし、実際にチャンネルを運営していて、狙った視聴者にしっかりと動画が届いているでしょうか。どのような視聴者があなたのチャンネルの動画を見ているのか、視聴者の属性を理解する必要がありますよね。

YouTubeアナリティクスの「視聴者」タブでは、視聴者のさまざまなデータを知ることができます。

2 視聴者がユーチューブを利用する時間帯

自分のチャンネルの視聴者がアクティブな時間帯がわかれば、ユーチューブの公開曜日や時間帯を決める手助けになりますよね（下図）。

ユーチューブを含めSNSでは初動が大事です。「公開してから短時間でいかに反応が取れるか」を考えれば、視聴者のアクティブな時間にぶつけて動画を公開するのが得策です。

● 視聴者のユーチューブ利用時間帯

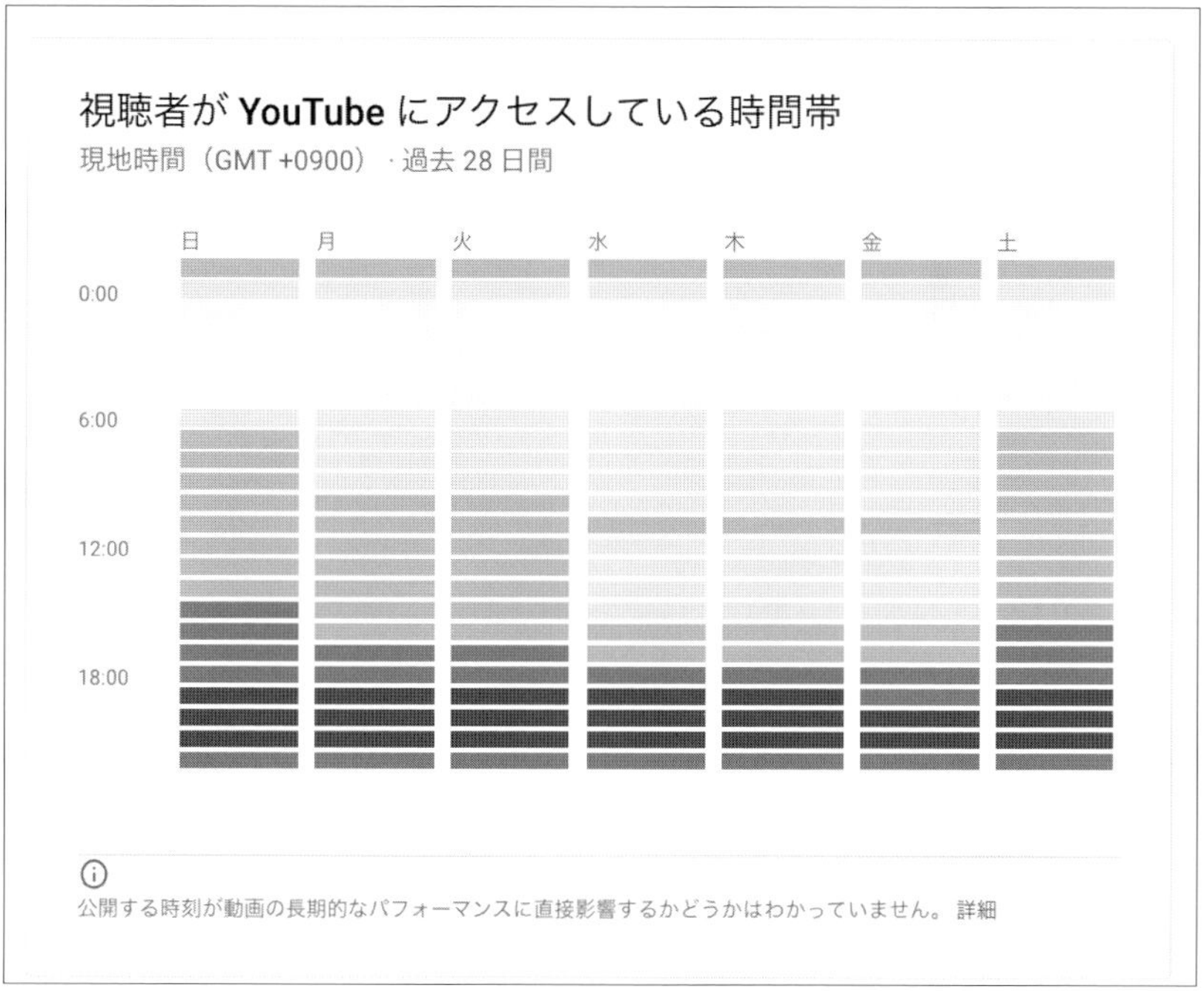
視聴者が YouTube にアクセスしている時間帯
現地時間（GMT +0900）·過去 28 日間
日
月
火
水
木
金
土
0:00
6:00
12:00
18:00
公開する時刻が動画の長期的なパフォーマンスに直接影響するかどうかはわかっていません。 詳細

3 視聴者のステータス

自分のチャンネル視聴者の男女比率や年齢層がわかると、反応がいいコンテンツの内容も変わってきます。

例えば下の図の場合、視聴者の7割が男性で、年齢層は25歳から54歳までの働き盛りが多いわけです。ビジネスや生活の質に関するような話は刺さるでしょう。一方で、美容やメイクの話、あるいは老後の年金の話などは、公開しても反応が薄いと推測できます。

● 視聴者のステータス

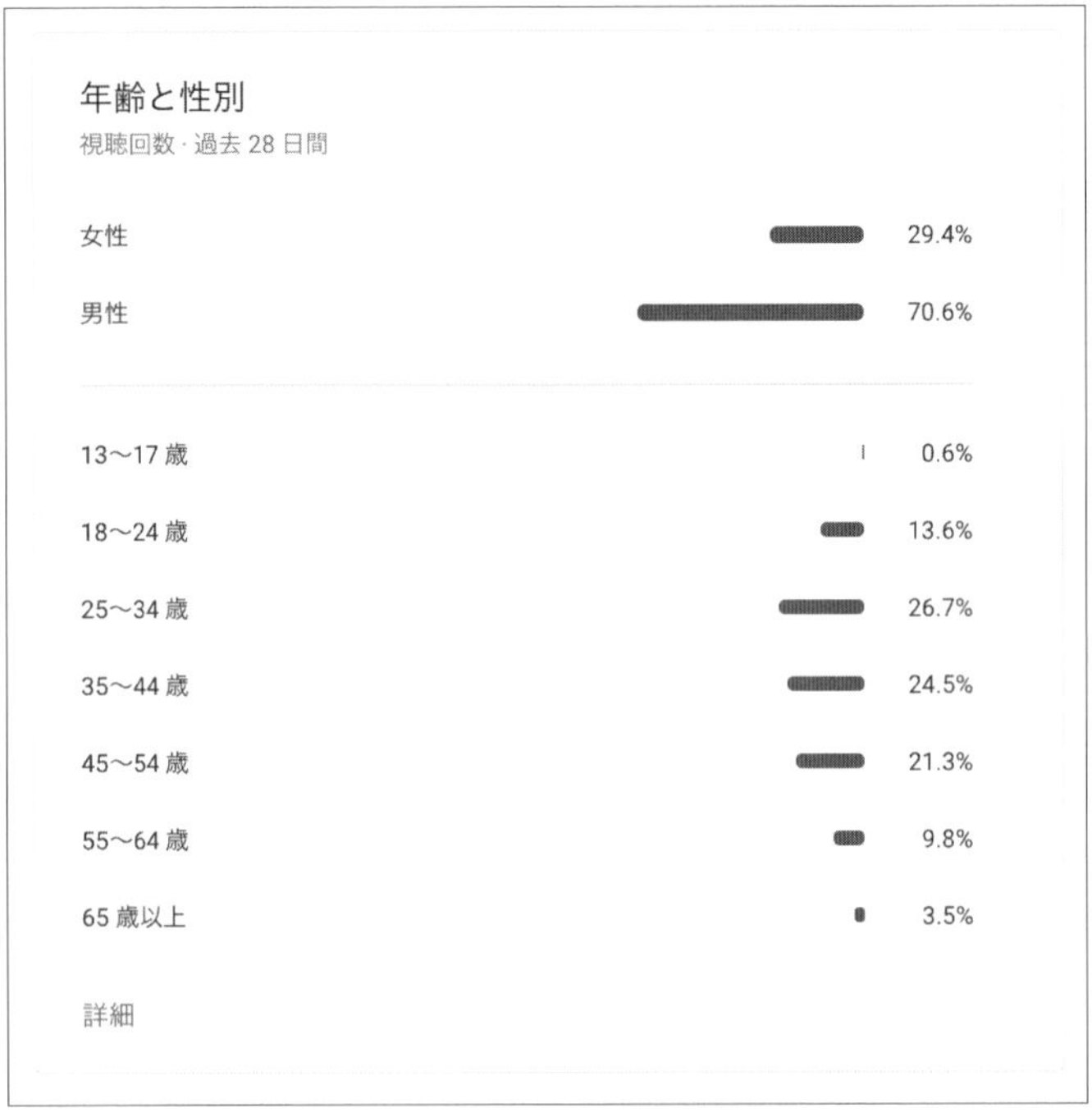

年齢と性別
視聴回数 · 過去 28 日間
女性 29.4%
男性 70.6%
13〜17 歳 0.6%
18〜24 歳 13.6%
25〜34 歳 26.7%
35〜44 歳 24.5%
45〜54 歳 21.3%
55〜64 歳 9.8%
65 歳以上 3.5%
詳細

4 再生されている地域

自分の動画がどこで再生されているか（視聴者の地域）についても確認できます。

下図の場合、ほとんどが日本で再生されているので、英語の字幕をつける意味はないかもしれません。しかし、動画のテーマによっては「アメリカ合衆国」や「台湾」などの国外で再生される動画もあります。そのような場合は英語の字幕をつけることによって、より一層たくさんの人に動画を見てもらえる機会が広がります。

5 類似チャンネルの把握

「自分のチャンネルが他のどのチャンネルと似ているのか」は「自分のチャンネルの視聴者が他のどのチャンネルを普段から見ているか」を知ることでわ

● 動画が再生されている場所

上位の地域
視聴回数・過去 28 日間
日本
97.2%
アメリカ合衆国
0.6%
台湾
0.0%
韓国
0.0%
オーストラリア
0.0%
詳細

かります。ユーチューブの視聴者は、似たような動画を複数見る傾向があります。ユーチューブは視聴者の視聴傾向を学習し、パーソナライズした動画をおすすめに表示しているからです。つまり、自分のチャンネルの視聴者が見ている他の動画が、自分の類似チャンネルになるわけです。

下図は、筆者のチャンネルの類似チャンネルの動画ですが、そのほとんどがビジネス系ユーチューバーもしくはインフルエンサーの動画でした。

類似チャンネルの動画を研究することで、自分のチャンネルの視聴者をどう満足させればいいのか参考になる点は多いです。

● 視聴者が再生した他の動画

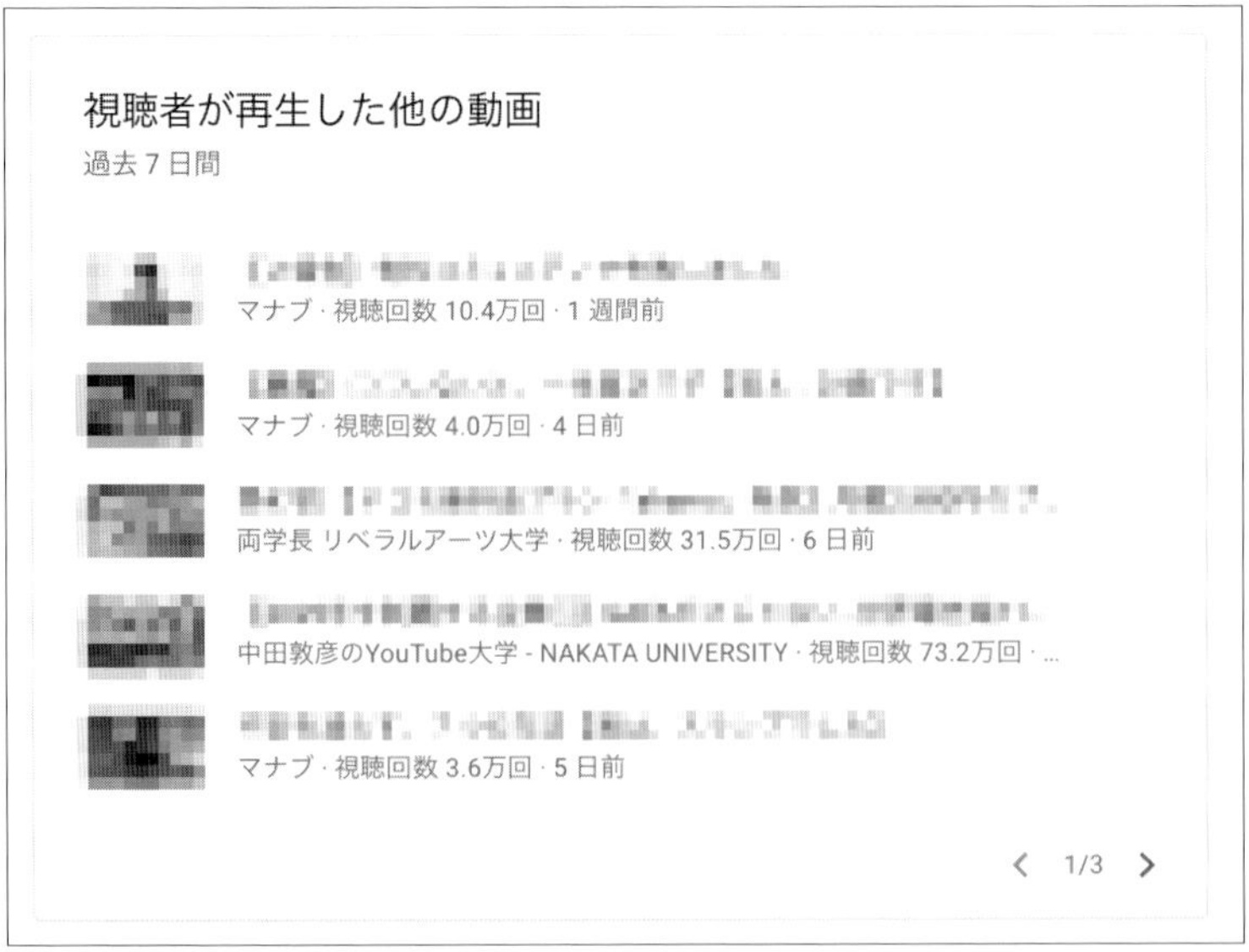

- どのようなテーマに反応するのか
- どのようなコメントが投稿されているか
- どのような頻度や時間帯に動画を投稿しているか
- サムネイルのデザインは？

同じ比較のテーブル（同一の検索結果やトップページ）に並べられることを考えると、これらを参考にし、差別化しない選択肢はありません。

視聴者の属性はペルソナ設定が的確かの検証にも役立ちます。

ここがポイント

- YouTubeアナリティクスを用いて、視聴者の属性を詳しく分析できる
- 視聴時間帯や男女・年齢層、視聴エリアなども
- 類似チャンネルを把握して動画作りの参考に

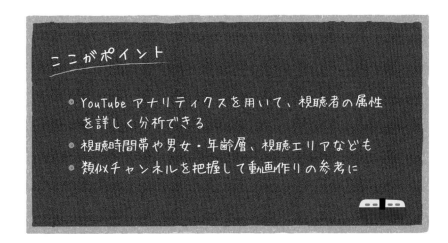

おわりに

今の時代は、名もない個人でも自由に情報を発信することができ、芸能人でなくてもファンを獲得することができます。それはインターネットの技術が飛躍的に普及したからですよね。

- **文字で発信するブログ**
- **気軽に日常を伝えるＳＮＳ**
- **声で発信するラジオ**

誰でもこれらを使って、自分の思いやノウハウを伝えることができるのです。

筆者が初めてユーチューブを使って情報を発信したのが、今から4年ほど前の２０１６年ころでした。それまでは、筆者もただのしがない主婦でして、子どもをおんぶしながらパソコンを叩いて「いつかビジネスで成功する夢」を見ている一人だったのです。

- **女は結婚したら家庭に収まるべき**
- **もう歳だし挑戦なんて諦めるべき**
- **子どもがいるんだから子育てだけに集中するべき**

たくさんの「べき」に、将来の可能性を諦めそうになりながらも、筆者が自宅で挑戦したのがユーチューブでした。

下手すれば「1日の中で会う人が子どもだけ」という中で、ユーチューブを使えばたくさんの人に私のことを知ってもらえて、応援のメッセージなどももらいました。

最初は時々だったユーチューブ投稿も、私が当時挑戦していたアフィリエイトやブログの成果が出てくるころには、人々に役立つような情報発信ツールに変わっていったのです。

筆者は早い段階で自分の商品を持つことに決めました。それがオンラインスクール事業の発端で、2017年のことです。当時はまだチャンネル登録者数が1000人にも満たないチャンネルで、YouTubeパートナーシップの審査もしておらず、広告の収益化はしていませんでした。

ですが、名もない筆者の販売する商品は、リリースとともにたくさんの申し込みをいただき、ユーチューブを利用した収益はみるみるうちに月7桁を超えていきました。


本書でも何度も触れてきたように、ユーチューブが発信できる情報量は他のどんな媒体よりも勝ります。ユーチューブの魅力に気づいたユーザーが多数参入し始めた2021年現在でも、やはりユーチューブに代わるほどのビジネスツールはないと感じます。

個人であれ企業であれ、人としてのあるいはブランドとしての人気を集めるのはたやすいことではありません。個人であれば資金的に「打つ手なし」でしょうし、企業であればテレビCMを出したり好感度の高い芸能人を起用したり、はたまた有料でオンライン広告を出したりしなくてはいけません。ですがユーチューブはタダです。動画を作成しアップロードするのにお金はかかりません。その動画がたくさんの人の目に触れるようにするには多少の技術が要りますが、それについては本書で詳しく解説済みです。

「人気」や「信用」というのは、一度作ることができれば、場所を変えてもその威力を発揮します。筆者の場合は、ユーチューブで筆者を知った人がブログやＳＮＳにも来てくれますし、筆者が新しく何かを始めたら一目散に応援に駆けつけてくれます。

●ブログからスタート

●ＳＮＳからスタート

もちろんこれでもいいとは思うのですが、第一段階として人気を獲得するブーストをしたいのであれば「**ユーチューブからスタート**」あるいは「**ユーチューブも同時にスタート**」することでブランディングが確立されるでしょう。

これから自分でビジネスをしたいとか、すでにビジネスを持っていて拡大させたいと思っている人が、本書をきっかけに大きく飛躍してくれることを切に祈っております。

筆者もユーチューブに人生を変えてもらった一人ですが、本書を出版するまでの道のりには、たくさんの方の支えがありました。

ユーチューブで応援してくださった視聴者の皆さん。

そして本書にコラムを寄稿してくださった鴨頭嘉人さん、竹中文人さん、イケダハヤトさん、さかいよしただnumber さん。出版社である株式会社ソーテック社の皆さん。

この場を借りて深くお礼申し上げます。

２０２１年２月吉日　ＫＹＯＫＯ

世界一《せかいいち》やさしい YouTubeビジネスの教科書《きょうかしょ》 1年生《ねんせい》

2021年2月28日　初版第1刷発行
2022年3月31日　初版第3刷発行

著　者　KYOKO
発行人　柳澤淳一
編集人　久保田賢二
発行所　株式会社　ソーテック社
〒102-0072 東京都千代田区飯田橋4-9-5　スギタビル4F
電話：注文専用　03-3262-5320
FAX：　03-3262-5326
印刷所　図書印刷株式会社

ISBN978-4-8007-2088-7